马克思主义简明读本

科学技术是第一生产力

丛书主编：韩喜平

本书著者：张　敏

编　委　会：韩喜平　邵彦敏　吴宏政
　　　　　　王为全　罗克全　张中国
　　　　　　王　颖　石　英　里光年

吉林出版集团股份有限公司

图书在版编目（CIP）数据

科学技术是第一生产力/张敏著. --长春:吉林出版集团股份有限公司，2013.9（2019.2重印）
（马克思主义简明读本）

ISBN 978-7-5534-2594-8

Ⅰ.①科… Ⅱ.①张… Ⅲ.①科学技术—关系—生产力—研究 Ⅳ.①G301②F014.1

中国版本图书馆CIP数据核字(2013)第174418号

科学技术是第一生产力
KEXUE JISHU SHI DI—YI SHENGCHANLI

丛书主编：	韩喜平
本书著者：	张　敏
项目策划：	周海英　耿　宏
项目负责：	周海英　耿　宏　宫志伟
责任编辑：	矫黎晗
出　　版：	吉林出版集团股份有限公司
发　　行：	吉林出版集团社科图书有限公司
电　　话：	0431-86012746
印　　刷：	北京一鑫印务有限责任公司
开　　本：	710mm×960mm　1/16
字　　数：	100千字
印　　张：	12
版　　次：	2013年9月第1版
印　　次：	2019年2月第2次印刷
书　　号：	ISBN 978-7-5534-2594-8
定　　价：	29.70元

如发现印装质量问题，影响阅读，请与出版方联系调换。0431-86012746

序　言

习近平总书记指出，青年最富有朝气、最富有梦想，青年兴则国家兴，青年强则国家强。青年是民族的未来，"中国梦"是我们的，更是青年一代的，实现中华民族伟大复兴的"中国梦"需要依靠广大青年的不断努力。

要提高青年人的理论素养。理论是科学化、系统化、观念化的复杂知识体系，也是认识问题、分析问题、解决问题的思想方法和工作方法。青年正处于世界观、方法论形成的关键时期，特别是在知识爆炸、文化快餐消费盛行的今天，如果能够静下心来学习一点理论知识，对于提高他们分析问题、辨别是非的能力有着很大的帮助。

要提高青年人的政治理论素养。青年是祖国的未来，是社会主义的建设者和接班人。党的十八大报告指出，回首近代以来中国波澜壮阔的历史，展望中华民族充满希望的未来，我们得出一个坚定的结论——实现中华民族伟大复兴，必须坚定不移地走中国特色社会主义道路。要建立青年人对中国特色社会主义的道路自信、理论自信、制度自信，就必须要对他们进行马克思主义理论教育，特别是中国特色社会主义理论体系教育。

要提高青年人的创新能力。创新是推动民族进步和社会发展的不竭动力，培养青年人的创新能力是全社会的重要职责。但创新从来都是继承与发展的统一，它需要知识的积淀，需要理论素养的提升。马克思主义理论是人类社会最为重大的理论创新，系统地学习马克思主义理论有助于青年人创新能力的提升。

要培养青年人的远大志向。"一个民族只有拥有那些关注天空的人，这个民族才有希望。如果一个民族只是关心眼下脚下的事情，这个民族是没有未来的。"马克思主义是关注人类自由与解放的理论，是胸怀世界、关注人类的理论，青年人志存高远，奋发有为，应该学会用马克思主义理论武装自己，胸怀世界，关注人类。

正是基于以上几点考虑，我们编写了这套《马克思主义简明读本》系列丛书，以便更全面地展示马克思主义理论基础知识。希望青年朋友们通过学习，能够切实收到成效。

韩喜平

2013年8月

目 录

引 言 / 001

第一章 绪 论 / 004

第一节 科学技术出现的背景和开端 / 005

第二节 什么是科学技术 / 011

第三节 科学技术的社会功用 / 022

第二章 近代以前的科学技术 / 031

第一节 古代境遇中的科学技术 / 036

第二节 中世纪境遇中的科学技术 / 053

第三章 近现代境遇中的科学技术 / 065

第一节 近代境遇中的科学技术 / 071

第二节　现代境遇中的科学技术 / 090

第四章　生产力要素形态的科学技术 / 114

第一节　科学技术与生产力 / 119

第二节　马克思主义科学技术观的形成及发展 / 145

第三节　马克思主义科技观与中国特色

社会主义的建设 / 161

引　言

纵观人类发展史，不难发现，一部人类的文明史，同时也是一部人类的技术进化史。科技不仅使人类远离了茫茫荒原，踏上了漫漫文明征途，而且也造就了人类生存的世界。自人类诞生那天开始，器物——技术就如影相随。人造器物作为技术最原始的形式，是对不同历史时期人类生存方式的一种隐喻式表达。从科学史与技术史的角度看，科学是源于技术，是技术所开创的意义世界的一种高级的文明形式。在很长一段历史上，科学和技术是处于一种若即若离、相互交织的状态，直到第一次工业革命，两者之间才真正形成相互促进的反馈循环机制。至此之后，科学技术开始在人类生活中扮演重要的角色，成为社会前进不可或缺的因子。

在科学技术不断进步的推动下，社会生产力得到了极大的提高。马克思在1848年发表的《共产党宣言》中曾描述过资产阶级借助科学技术在它不到100年的阶级统治中所创造的生产力。马克思这样写道：自然力的征服，机器的采用，化学在工业和农业中的应用，轮船的行驶，铁路的通行，电报的使用，整个大陆的开垦，河川的通航，仿佛用法术从地下呼呼出来的大量人口——过去哪一个世纪能够料想到有这样的生产力潜伏在社会劳动里呢？在马克思的科技思想中，科学是促使社会劳动生产力提高的力量，生产力中也包括科学。1988年，邓小平根据当代科学技术发展的现状和趋势，提出了科学技术是第一生产力的科学论断。

现如今，作为第一生产力的科学技术已经悄然进入现代人类社会生活的每一个角落，推动社会快速前进，成为其发展的决定性因子。正如海德格尔所言，它已然成为当下在场的人类的历史命运。正是借助复杂的科技系统，人类得以满足自身的各种需求，如衣食住行、信息网络、休闲娱乐，等等。而我国作为发展中国家，面对这样的时代背景，为了更好发挥科学技术在社会生产力中的作用，提出了科教兴国战略和人才强国战略。为此，针对科学技术是第一生产力的科学论断，有必要进行系统全面的阐释，给广大的青年学生提供通俗易懂的读物，以便使他们能够亲近马克思主义、走进马克思主义。

本书紧紧围绕这一论断，以历史为尺度，通过对文献资料的考证，首先梳理科学技术自身的发展脉络；其次系统分析科学技术是第一生产力的思想源流，以及其对人类社会生活的影响和作用；最后，探究其对中国特色社会主义建设的伟大现实意义。

第一章 绪 论

　　1988年9月5日邓小平在会见捷克斯洛伐克总统胡萨克时，针对当代科学技术发展的现状和趋势，以及我国具体国情，提出科学技术是第一生产力的科学论断。从人类文明发展史看，每一次科学技术的重大革新都使生产力得到巨大提高，从而推动人类社会向前发展，使人类的生活发生翻天覆地的变化。对此，马克思曾明确指出，资产阶级借助铁路、电报、蒸汽机，以及化学在工业农业的使用，在不到100年的时间里创造的生产力超过了以前所有时代。

　　从科学技术自身发展的历史来看，科学技术成为社会生产力系统的基本要素之一是现当代以后的事情。那么，是什么原因促使科学技术成为第一生产力呢？如果要获得问题的答案，就需要对科学技术自身发展的历史过程以及与社会的关系展开历史的、系统的考察，并且在这个基础上，深入分析论证科学技术何以能够成为生产力的技术性要素。科学技术作为一种社会现象，体现着社会的需求，而需求是发明之母。技术作为人类最初的存在方式，它的进化和人工器物的多样性以及复杂性都能够体现出人类在不同历史时期的基本生活需求。自人类诞生之日起，在整个生存发展的过程中，人类不断地应对着各种挑战，遇到过无数难以解脱的困境。为了解除这些困厄，人类借助自己的聪明才智发明创造了各种各样的人造器物来满足基本生活，这样就推动人类文明不断进步。

第一节　科学技术出现的背景和开端

科学与技术起源于人类认识与改造自然的需要，有着悠久的历史，但是科学与技术成为一种引人注目的社会力量，则是文艺复兴运动以来，随着科学革命与技术革命以及科学技术成为生产力而开始的。马克思曾经说过，自然力的征服，机器的采用，化学在工业和农业中的应用，轮船的行驶，铁路的通行，电报的使用，整个大陆的开垦，河川的通航，仿佛用法术从地下呼呼出来的大量人口——过去哪一个世纪能够料想到有这样的生产力潜伏在社会劳动里呢？马克思关于科学与技术是生产力要素的思想，最早可以追溯到1844年他对普鲁东的批判。到了《1857—1858年经济学手稿》的问世，马克思则明确指出，资本是以生产力的一定的现有历史发展为前提的——在这些生产力中也包括科学。而要更好地理解马克思的这一思想，就需要沿着科学、技术的发展史细细品味。

　　在人类的童年期，技术是以人造器物的形象展示在世人面前的，是人类用来抗争自然不可或缺的利器。从考古学家发现的史前人类的大量器物中，我们可以领略到人类对生活意义的表达。在近生代的堆积物中，考古学家发现了人类手工器物的遗迹，它们的出现说明人类开始脱离动物界，拥有专属自己的生活世界。无论何种技术，哪怕是巫术、占星术、炼金术，本质上都是意义世界的一种呈现。最早出现的人造器具可以追溯到旧石器时代的石器，例如，各种类型的石刀、石斧等。到了新石器时代，这些人造器具被广泛用于畜牧业、养殖业、农业和制陶业。制陶业的出现，不但很大程度上提高了我们的生活质量，而且也对当时的社会经济产生了深远的影响。今天，我们日常生活所不能缺少的纺织技术，也是发端于史前。到公元前4000年至公元前3000年期间，人类的一系列重要技术在中国、印度河流域以及美索不达米亚和尼罗河流域发生了很大进步。例如，人类的冶炼技术始于早期人类运用石器工具对天然金属进行加工的尝试，到公元前3000年甚至更早，锻打、熔炼、铸造的技术就已为人所知。

伴随技术不断的进化历程，科学诞生了。从科学与技术的关系来看，科学是源于技术所开创的意义世界的一种高级文明形式。在西方世界，科学成为一种独立的知识形态发端于古希腊。古希腊的米利都学派对自然现象的自然论解释，表明了人类已经开始知道区别"超自然"与"自然"。换句话讲，当时的人们开始逐渐摆脱用神秘力量来解释自然现象，而是认识到自然现象是受因果关系支配的，不是在随意影响下产生的，是有一定规则的。作为古希腊第一位科学家的泰勒斯，提出大地如圆盘一样漂浮在水上，地震就是由于大地之下的水来回波动而引起的观念。这与当时广为流行的并被大多数古希腊人所接受的神话式的解释大相径庭。关于地震这种自然现象，古希腊人认为是由海神波塞冬引起的。这一变化恰恰表明人类开始逐渐学会用理性去观察自然、思考世界。科学自此开始，经过漫长的中世纪，一直到17世纪被今天我们所熟知的近代科学才真正建立起来。在很长一段历史上，科学和技术是处于一种若即若离、相互交织的状态，直到第一次工业革命，两者之间才真正形成相互促进的反馈循环机制。至此之后，科学技术开始在人类生活中扮演重要的角色，成为社会前进不可或缺的因子。尤其是，近代史的两次震撼世界的科技革命深刻地改变了世界的格局，对整个世界产生了深远的影响，以至于现在进入了全面科技化的时代。

有人说，19世纪以前的人们无论是自身的生存方式，还是与自然的关系都仿佛是恒定而无变化的，好像一切都是处于一种一成不变的状态之中。可是18世纪末的科技革命却使人们进入了一个"变化成为规律，而恒定成了例外"的世界之中。今天，这种由科学、技术发展带来的逆转在我们的日常生活中是随处可见，无论是我们的衣食住行，还是我们的休闲娱乐，在社会生活所涉及的各种细节上都能看到科学对它的规约。科学技术，尤其是科学已然成为当下的人类衡量一切的圭臬，它对社会生产力发展的作用已经不容置疑。

那么，科学技术缘何能够成为生产力呢？要理解这一问题，首先我们就对科学技术的发展历程以及在社会生活中的作用作一个整体介绍。

从科学技术史看，如果就严格的意义来讲，古代科学技术是以技术为主，它是源于人类改造自然的日常生活经验以及根据这些经验发明的各种手工工具。还没有今天我们所提出的科学技术和社会生产力的关系问题。西方文艺复兴之后，近现代的科学技术才真正出现。在科学理论方面，涵盖着数学、物理、化学、天文学、地质学，以及生物学的基础科学形成并逐渐体系化和系统化。在技术上，蒸汽机的发明和使用使生产工具系统发生了重大的转变，劳动工具由手工制造转向了机械制造。近代科学技术自产生之日起，就同实际生产活动结合在一起，而且是日益紧密。正是由于近代科学技术不断被应用于劳动生产中，才出现了近代的产业（工业）革命。基于此，马克思恩格斯就科学技术与物质生产的密切关系，提出了科学是另一种生产力的科学论断。近代以后，科学技术之所以能够获得生产力属性，一方面是源于它们自身特点；另一方面也反映了生产实践对它们的需要，机器大生产成为社会发展的物质基础。但是近代科学技术对社会经济发展的影响力还不大，所以它的社会功用和价值还没引起大家的足够重视。

自19世纪末到20世纪中叶，全球进入一个科学技术以及社会经济快速发展期，科学技术在社会经济发展中的作用越来越显著，科技面向社会需要成为生产力必不可少的因素，尤其随着高科技的发展，产品的技术含量成为衡量其使用价值的重要标准之一。与此相适应，社会经济为了自身的发展日益加大对科技的投入，巨大的社会性投入反过来又为科技的快速发展提供了强有力的支撑。如果把科学技术内在的社会价值及其研究和发展置于社会生产力结构系统的变化和发展，我们就不难发现它具有生产力属性。因此，当今世界各国为了经济的持续快速发展，都极其重视科学技术在社会的功用，都把发展科学技术当成自己的第一要务。恰如邓小平等同志所言，当代世界是以发展经济为主题的，科学技术日益融入社会的经济生活，是整个有机系统的组成部分，所以科学技术具有生产力的属性是历史发展的必然。要正确理解科学技术与生产力的内在关系，首先就必须掌握科学、技术的基本内涵以及两者的关系。

第二节 什么是科学技术

科学技术是一个复合概念，两者既有区别又有联系。科学作为一种对客观世界的认识成果，是反映客观规律和客观事实的知识体系以及相关活动。科学主要包括自然科学、社会科学和思维科学。对于技术有广义和狭义两种理解。广义的技术，一般指生产技术和非生产技术。狭义的技术，即生产技术，是指人类改造自然、进行生产的方法与手段。

一、科学及其基本特征

（一）什么是科学

从词源学上来看，"科学"一词的英文是Science，它源于拉丁语Scientia，意思是学问、知识，科学是一种反映客观事实和规律的系统化、理论化的知识;"技术"的英文是Technology,它源于希腊文Τεχγη,是指经过实践获得的经验、技能和技艺,按照狭义的理解,习惯上技术指以协调人和自然关系为主旨的生产技术。人类为了生存和发展,就离不开对自然的认识和改造,必须从自然获得维持生活的资料。科学技术作为人类认识自然和改造自然的必然成果及不可或缺的手段,本质上体现着整个人类文明的发展史。从人类的文明发展进程上看,无论任何一个时期,人类对于自然的认识和改造都是利用了科学技术。科学技术不仅使人类从自然的束缚下解放出来,而且也使人类的物质生活和精神生活水平不断提高。

什么是科学?这是西方科学哲学一百多年来一直在探讨的一个重要问题,迄今为止也没有一个无懈可击的答案。英国科学家贝尔纳认为,科学在它的历史发展中表现为方法、知识、信仰、生产力和社会组织等种种形象,体现出不同的本质特征,是难以定义的。但是,人们总是力图理解科学,并从各种不同的角度来定义它。有人认为科学是作为一个整体的知识总和,有人认为科学是创造知识的过程,有人认为科学是一种思维方式，有人认为科学是一种文化，还有人认为科学是一种智力游戏。我们认为，科学的基本含义包括获得新知识的活动本身和这个活动的结果两个方面。它既是人们关于自然、社会和思维及其规律的知识体系，又是人们进行知识生产的社会实践活动，是知识体系和知识生产的实践活动的统一。

科学是由人类对认识客体（自然界、社会界、思维过程及其他各种事物）的知识体系、产生知识的活动、科学方法、科学的社会建制、科学精神等按一定层次、一定方式所构成的一个动态系统。

科学有狭义和广义之分，狭义的科学一般指的是自然科学（含数学），广义的科学则除自然科学之外，还包括人文社会科学、思维科学及各类边缘科学、交叉科学、综合科学。从历史发展的趋势来看，我们主张采用广义概念。

（二）科学的基本特征

就科学的核心知识体系来讲，其具有以下三个基本特征：可检验性、可预见性、逻辑和谐性。

所谓可检验性指的是这个知识体系最终得出一系列具体

结论（各种陈述），应该可与经验事实直接或间接地比较，给出相符（证实）或不相符（证伪）的判断。这里所谓的可检验性，并不要求已被检验，而是要求可能被检验，至少能指出检验的途径和方法。检验必须用公共的经验事实来检验（即科学共同体能重复），而不能以个人的经验或体验为凭。对于广义的科学来说，同样要求可检验性，只不过检验的方式、标准，时间间隔（如，对于社会科学理论往往需要几十年，甚至几百年才能予以检验）与自然科学可能有所不同。可检验性是区别科学与非科学的最基本的标准。凡是回避和拒绝检验的不能称其为科学。如果回避或拒绝检验又自称是"科学"的，则被称为是伪科学。

所谓可预见性指的是可以从科学知识体系中预测出或推导出不为所知的各种行为或现象，这些预测是可以用经验来检验的，这主要是依靠一定的实践活动来完成。可预见性体现出科学知识体系不仅是对认识客体运动的规律性的一种客观反应，而且也是一种旨在使知识增值的机制。所以说，科学的可预见性能够为我们源源不断地提供一些新的知识，因此科学对人类的实践活动具有指导作用。例如，麦克斯韦在1865年建立电磁场理论时，就曾预言电磁波的存在。到了1888年，赫兹通过科学实验证实了电磁波的存在，证明了麦克斯韦电磁理论的正确性。1895年在赫兹实验的基础上，马可尼、波波夫独立地完成了电磁波通信。这次试验的成功，预示了一个全新时代的到来，即无线电技术的时代。由此我们不难发现，科学的生命及力量在一定意义上讲是源自于其自身的可预见性。没有预见性的理论，也就是丧失了生命力的理论。同时应当指出的是，科学的可预见性不是单一形态的，而是具有多种形态的，出现这一情况的原因在于运动规律形态具有多样性、初始条件和边界条件具有复杂性。

逻辑和谐性指的是作为科学的知识体系其内部结构应该满足逻辑的一致性及逻辑简单性。逻辑的一致性指的是知识体系的各个部分及其相互联系不存在逻辑矛盾，遵守逻辑法则。逻辑的简单性指的是知识体系的理论基础应该由尽可能少的，相互独立的基本假设所组成，在这种理论基础上，通过逻辑演绎，可推导出一系列具体结论（可与经验事实比较的陈述），从而构成一个完整的知识体系。

如果说，可检验性属于科学的外在可靠性的话，那么逻辑和谐性则属于科学内在的完美性,这是一种比外在可靠性更高、更为严格的要求,目前只有少数成熟形态的知识体系能达到这种水平,所以,可检验性是科学的基本条件,而逻辑和谐性则是科学的美学要求。

二、技术及其特征

(一)什么是技术

技术是人类在生产、生活、交往等一系列实践活动中,依据科学原理或者实践经验所发明创造的各种物质手段及方式方法的总和。所谓的物质手段,包括工具、机器、仪器、仪表、设备等;所谓方式方法,包括实践型的知识(做什么和怎么做)、软件、经验、技能、技巧等。同科学一样,技术也是一个历史性范畴,它的概念随社会的发展而不断更新。

在手工劳动时代,技术被看作是劳动者的技巧、技能和操作方法,即人类在生产经验基础上获得的主观能力。它是从经验为前提的,如果没有相关的实践经验,就没有相应的技术。这应该属于经验性技术。经验性技术指的是在没有科学理论的指导下,依据长期的实践经验发明创造的物质手段、方法、技能和技巧等。例如，制陶技术的产生与发展最初就是源于日常生活的经验，主要是指人类与泥土打交道的过程中，积累的泥土搅拌、泥土烧制和泥土晾干等经验。所以又可以说，经验性技术是一种"后生技术"。

产业革命以后，技术主要表现为，依据自然科学规律，运用一定的手段、方法，特别是以机器的使用为中介，对物质、能量、信息进行转换或加工，以满足人类需要的实践活动。相应地，技术被理解成反映实践经验、科学理论和物质设备三方面的技术理论、物质手段和工艺方法的总和。这被称为科学性技术，所谓科学性技术指的是依据科学理论而不是一般性的实践经验所创造或发明的各种物质手段、方式、方法等。一般来讲，科学性技术是以科学"预见"为基础，通过发明创造而产生及形成的。科学"预见"是相应的科学性技术的基础，比如，有了原子物理的理论，就会有原子能技术。因此，科学性技术作为一种"前生技术"，对人类的实践活动具有预见性的指导作用。所以自近代科学产生以来，在生产实践活动中，科学性技术所发挥的作用已经开始居于主导地位，而经验性技术的作用相比之下日渐式微。

（二）技术的基本特征

在当代，人们把技术概括为：人类为了满足社会需要，利用自然规律，在改造和控制自然的实践中所创造的工具、机器设备以及知识、经验、技能等要素所构成的系统。技术具有下列基本特征：

第一，技术具有自然的和社会的两重属性。所谓技术的自然属性，是指人们在运用技术变天然自然为人化自然的过程中，技术无论作为劳动手段、工艺或技能，都必须遵循自然规律。这决定了构成技术的根本要素是自然科学知识。所谓技术的社会属性，是指人们利用技术使天然自然转化为人化自然时，各种社会条件严格制约着技术。任何技术的产生、发展，都离不开社会需要这一推动力；每一项技术目的的制定及实现，都受其所处时代的政治、经济、军事、文化教育、科学乃至民族传统等社会条件的制约。从技术发展史的角度看，技术无论是在发展方向、模式上，还是在发展规模和速度上，甚至技术发展的风格，以及形式上都能发现这些影响因素的痕迹。

第二，技术是物质因素和精神因素的统一。在技术中，客观的物质因素（工具、设备等）和主观的精神因素（人的知识、经验和技能）是紧密结合的。既不能把技术仅仅理解为一种物质手段而忽视技术中人的知识、经验和技能；也不能把技术看作纯粹的精神因素，而忽视物质因素。它是人所具有的知识、经验和技能在同一定的物质手段相结合的过程中形成和发展的。技术的进步，是其物质因素和精神因素相互作用、共同提高的结果。

第三，技术是直接的生产力。生产力是一个大系统，其基本的物质要素包括劳动者、劳动资料和劳动对象等。技术虽不是生产力结构中的独立要素，但它本来就渗透于生产力的全部物质要素之中，表现为劳动者的知识、经验和技能，生产过程中应用的劳动工具、工艺流程和操作方法，等等。因此，技术本身就是直接的生产力。它的状况如何，对生产力总是发生直接的、立竿见影的影响。

三、科学与技术的关系

科学和技术的共同本质，就在于它们都反映了人对自然的能动关系。科学表现了人对自然能动的认识和反映关系；

技术表现了人对自然能动的控制和改造关系。科学、技术和生产是把人类从动物界中提升出来，又把人类从自然王国不断提升到自由王国的伟大力量。这种力量不是天赐的，而是人类在实践过程中获得的自己解放自己的伟大力量。

（一）科学与技术的区别

科学与技术经常联系起来用，简称"科技"。但是，科学和技术是有区别的，不能漠视二者的区别，否则会引起一系列的失误。

科学属于认识范畴，它的主要任务是回答有关"是什么""为什么"的问题，建立起相应的知识体系；技术属于实践范畴，它的主要任务是解决有关客观世界（作用对象）"做什么"、"怎么做"的问题，建立起相应的操作体系。

科学研究是对未知世界的活动，所用的方法主要包括观察、实验、收集与整理感性材料、假说、逻辑推理、验证等；技术活动，是在已有理论指导下实践性的活动，所用的方法主要是设计、模拟、类比、试验、放大、制作、标准化、程序化、试用（验收）等。

对于科学成果评价的标准是其符合性（理论的最终成果

与实验事实是否相符、符合的程度）、创新性（在理论上是否有突破、是否有创造）、逻辑性（理论体系的结构是否严谨）。对于技术成果评价的标准是其效用性（是否有用、效用之大小）、可行性（可否实施、需要之条件是否苛刻）、经济性（投入产出比如何、市场前景如何）。

科学成果与经济只有间接关系，对经济可能有长远的影响，但短期内一般无关。技术成果与经济有直接的关系，对经济可能立即产生效应，也可能影响长远，有些是保密的，特别是技术发明初期，可申请专利保护。

（二）科学与技术的联系

科学与技术的联系表现或发生在多个方面及不同层次。就科学性技术的产生、形成和发展而言，科学既是其基础，也是其知识源泉。其原因就在于，经验性技术中包含科学因素，它的提炼与升华是科学创造的一类源泉。另外，科学可以改进或提升经验性技术。而技术的需要一方面是推动科学不断向前发展的重要动力；另一方面也为科学研究及其进展提供必要的手段及条件。在技术中存在科学问题（"是什么"、"为什么"），对这些问题的研究将形成技术科学。

在科学中存在技术问题("做什么"、"怎么做"),这些问题的解决将推动科学发展或产生新的技术。由此,在科学与技术的相互促进中出现了"科学技术化"、"技术科学化"、"科学技术一体化"趋势。

科学与技术之间的转化包括科学向技术的转化及技术向科学转化两个方面。历史上,技术向科学转化曾经是科学产生与发展的重要途径;但自20世纪以来,现代科学体系建立之后,科学向技术的转化已成为事物发展的主流,当然,也仍然存在着技术向科学转化的现象。

由于科学与技术分属不同范畴(科学属认识范畴,技术属实践范畴),还由于科学存在不同层次(基础科学、技术科学、生产科学),技术也存在不同等级(实验技术、专业技术、生产技术等),因此,科学向技术的转化必然经过一系列过程并有着多方面的联系。

第三节 科学技术的社会功用

科学技术是人类社会系统不可或缺的有机构成,它与社会的经济结构、政治结构、文化结构乃至人类自身的生活都密不可分，是推动社会物质文明、精神文明的动力之一，也是社会结构变革的重要力量。科学技术在人类社会生活中所起的作用是多方面的，不仅使整个人类社会的物质经济效益得到提高，而且有助于人类思想文化的提升。所以，对科学技术的社会功用，或者科学技术具有何种社会价值进行探讨，将有助于加深我们对它的认知。

根据马克思的历史唯物主义观点，生产力与生产关系的矛盾运动是社会发展的根本动力，在生产力结构中，作为技术性要素的科学技术对推动社会经济结构变化发展起着重要作用。尤其是，内涵式的扩大再生产对科学技术的依赖性超过了以往的任何时代。正是科学技术的推动，劳动者的素质得以不断提高，劳动工具发生巨大变革。从18世纪工业革命开始，人类生产工具完成了由手工工具到机械化的生产工具的革命性跃迁。自此之后，每一次科学的进步以及技术的新发明都促使我们的生产工具越来越趋于现代化。所以，科学技术已经成为衡量社会经济发展状况的重要标准之一，科学技术的创新已经成为经济迅速振兴和繁荣发展的重要推动力。在人类历史上，每一次重大的技术发明或革新都使社会经济乃至社会性质发生巨大变化。马克思曾经对技术的社会功能有过如此的评价，中国古代的三大发明，即火药、指南针、印刷术预告了资产阶级社会的到来。火药把骑士阶级打得粉碎；指南针导致了地理大发现，拓宽了世界市场，建立了殖民地；而印刷术则变成了新的工具。关于近代技术的社会功能，恩格斯曾指出分工，水力、特别是蒸汽力的利用，机器的应用，这就是从18世纪中叶起工业用来摇撼旧世界基础的三个杠杆。列宁认为，技术的进步是一切进步的动因，前进的动因。同时对于十月革命胜利后社会主义国家如何发展的问题，列宁基于技术对社会的推动作用，曾经说过这样的名言：共产主义就是苏维埃政权加全国电气化。在科学技术的带动下，体脑之间、城乡之间、工农之间以及男女之间的关系都出现了一定程度的变化，如内燃机技术的发明和使用缩小了城乡之间的差距，工业自动化技术使白领工人（脑力劳动者）成为总体工人的重要组成部分，并且所占比例逐年增加。

在社会生活的其他领域，由于手机、高铁、计算机网络、汽车、飞机的广泛使用，人们的生活质量有了明显改善，人与人之间交往的广度和深度都得到了拓展。随之而来，在科学技术的带动下人类生活方式不断发生改变。建立于一定生产方式上的生活方式，是人们社会生活活动的形式或方式的总和。一般来讲，包括人们日常生活领域的衣、食、住、行、乐的方式。广义的生活方式则指人们在物质生活和精神生活领域所从事的一切活动方式，还包括劳动方式、政治生活方式等。生活方式主要是由生产方式所决定的，而生产方式，特别是生产力的发展，主要是受科学技术所制约的。因此，一定时代的生活方式是与那个时代科学技术水平相适应的。

除此之外，科学技术推动人类精神文明的进步。其原因就在于，衡量人类精神文明是否进步的标准之一，是人类知识水平的高低。一个民族没有知识、没有文化就是一个未开化的民族，一个社会缺乏知识、文化就是一个没有完成文明化的社会。科学技术作为人类认识自然和改造自然的产物，是关于自然的知识。人类在认识自然与改造自然的长期实践中创造和积累起来的科学技术知识，是整个人类知识体系中十分重要的一个组成部分。因此，科学技术的进步丰富发展着人类的知识，体现着人类对自然界认识的提高和深化，它本身就是精神文明的组成部分，是精神文明的表现。因而，一个民族的科学技术发达程度，就代表了一个民族的精神文明的水平。总体上，科学技术的社会功用体现在它对生产方式、生活方式和思维方式的深刻影响上。所以说，科学技术变革和创新是推动经济和社会快速发展的强有力杠杆。

但与此同时，世界的科学技术浪潮也给人类社会生活带来了种种负面效应，例如，生态的危机、农药的滥用、土壤的退化、生化武器的研制、核武器的使用，等等，这就是科学技术社会功用的两重性问题。科学技术作为一把双刃剑，不仅可以通过促进经济和社会发展来造福人类，而且可以在一定条件下给对人类的生存和发展带来消极后果。针对这些问题，理论界的很多学者，比方说维纳、埃吕尔、霍克海默、哈贝马斯、马尔库塞都从不同的角度对科学技术的发展给人类带来的各种危害提出了深刻的批判。控制论的提出者维纳认为，新工业革命是一把双刃剑，它能给人类带来福祉，但是，仅当人类生存时间足够长时，我们才可能进入这个为人类造福的时期。新工业革命也可以毁灭人类。如果我们不去理智地利用它，它就有可能很快地发展到这个地步。在维纳的观点里，技术本身并不存在善与恶的问题，而是取决于这一技术所置身的现实社会。社会学家、技术哲学家埃吕尔认为技术性的社会不是一个真正合乎人性的社会，因为人类的文明和技术之间是存有矛盾的。而霍克海默更是把科学技术看成自身具有自律性并对社会具有统治性的，它促使人从内部和外部对自然界的支配变成他们绝对的生活目的。在马尔库塞看来，科学技术尽管给人类带来了富裕的物质生活，但却使人类成为科学技术的奴隶，人都成了单向度的人。换句话讲，科学技术的进步与日益增长的物质财富以及不断扩大的奴役三者之间是等于关系。马克思认为，在资本主义时代，每一种事物好像都包含有自己的反面。技术的胜利，似乎是以道德的败坏为代价换来的。随着人类愈益控制自然，个人却似乎愈益成为别人的奴隶或自身卑劣行为的奴隶。这就说明，资本主义时代的科学技术既不能使人类完全摆脱贫困，也不能使人心健康得到发展。到底科学技术能不能造福人类呢？对于这一问题，我们应该以全面的、发展的眼光辩证地看待，而不能各执一词，应该看到它的两重性。

所以，针对科学技术的社会功用，无论是技术乐观主义，还是技术的悲观主义都存在片面性。对此，爱因斯坦曾有过精辟的论述，如果关心人的本身，那么这就应当始终成为一切技术上奋斗的主要目标；如果关心怎样组织人的劳动和产品分配这些尚未解决的重大问题，那么就需要保证我们科学思想的成果应会造福于人类，而不是成为祸害。

总体而言，现如今的科学技术不仅是生产力的基本要素之一，而且也在实际的社会生活中起着意识形态的社会功能。而这些社会功能作用，正是对技术、科学内在价值的一种恰当表现。

关于技术是否有价值负荷，目前，存在着技术价值中性论和技术价值负荷论两种不同的观点。所谓技术价值中性论，是主张把技术和技术的应用分开，认为技术本身是价值中性的，无所谓善恶，但不否认技术应用有积极的和消极的两种可能后果。所谓技术价值负荷论，是指认为技术本身隐含着人类的价值追求，反对把技术和技术的应用分开来评价。

科学技术价值中性论由来已久，而且深入人心。科学的价值中性论随机械论自然图景和近代科学认识论和方法论的确立而兴起。近代科学的发展建立在对自然界进行分门别类研究和每门科学内部的独立分析研究的基础之上，认为世界的真正本质是由事物的客观性质及支配它们的规律给予的。至于价值、解释、理论不是对世界的客观描述，所以不在考虑范围之内，除非它们能被还原为"客观"的项目。近代机械论世界观把精神世界彻底从物质世界分离出去。一些哲学家如培根甚至认为，为了保证科学知识的客观性，必须把伦理价值的考虑排除在自然科学之外，因为道德知识会玷污或扭曲自然知识，使它们失去客观性。休谟还主张要把"应该"和"是"截然分开。许多人认为，既然作为研究对象的自然界本身是没有价值的，科学家在认识过程中又应排除价值观念的干扰，那么，自然科学当然就不反映人类的价值。

对这种价值中立的"纯科学"理想最著名的辩护者是马克斯·韦伯，他认为，今天还有谁会相信，天文学、生物学、物理学或化学，能教给我们一些有关世界意义的知识呢？韦伯相信，科学的目的是引导人们做出工具合理性的行动，科学是通过理性计算去选取达到目的的有效手段，人们通过服从理性而控制外在世界。因而他主张科学家对自己的职业的态度应当是为科学而科学，他们只能要求自己做到知识上的诚实。正是从这种"为科学而科学"的态度出发，美国科学社会学家默顿把公有主义、无利益性作为科学家的重要行为规范，认为它们是构成科学的精神气质的重要成分。

科学技术价值中性论在某种意义上、某个特定范围内似乎可以成立，至今在学术界仍很有影响并常常被用来作为拒绝考虑科学家的伦理责任的挡箭牌。但是，如果从认识角度、从整体上来历史地考察科学产生及其发展的社会背景，考察科学对社会，尤其是现代社会的影响，那么，我们只能把"中性论"看作一种神话或一种理想。科学技术所蕴含的价值，大致可以从三个方面来理解：首先，科学技术活动的动机是蕴含价值的；其次，科学知识、技术产品渗透着人类的价值；再次，科学技术成果有着很大的社会价值。

总之，关于科学技术社会功用的不同解读都是基于对其本质的不同理解。为此，就有必要对科学技术的整个发展脉络以及它与人类社会文明进程的内在关系进行系统了解，以便使我们大家能够真正明白科学技术作为第一生产力对建设中国特色社会主义的重要意义和影响。

第二章　近代以前的科学技术

科学技术的产生是与人对外在自然界的探索分不开的。人一经产生，就出现了人与自然的关系问题，而人与自然的关系不仅是认识的前提和基础，也是科学、技术发展的前提。其中人与自然的分离以及人对大自然的无限探索，则构成了科学技术的动力和内容，正是在对自然界的不断探索中形成了人类的认识活动。

人是自然的产物，人类的出现就是自然界长期发展和演化的产物，有了人，就有了人类的生产劳动，正是劳动在从古猿转变成人类的过程中起了决定性的作用，人类的劳动是一种自觉的、有目的的、能动的活动，他必须以自己认识自然的一定知识和改造自然的一定技能作为进行这些活动的依据和手段，正是在这个意义上，人类的劳动也就孕育了科学与技术的最初形式。由于认识的局限性，最初的科学只能以萌芽的形式存在于各种技术中，而人类对自然的自觉认识也由此开始。

　　人类的先民最初从总体上与自然界融为一体，从人对自然的敬畏、崇拜和依附关系看，人与自然无疑具有统一关系。原始人与自然之间还没有今天意义上的对立关系，自然界对于他们而言是有着超凡的力量神秘的东西。也就是说，早期的原始人还没有今天我们的主客二分观念，人与自然之间是相互融合的、符合主客互渗律的。在人与自然的关系上，自然界处于一种非常重要的主导方面，而人在其中只是处于一个顺从、被动的地位，人类基本上像其他动物一样完全受制于自然规律，几乎没有改造和控制自然的能力。这时，人与自然的关系既是自然界内部关系，也是人自身内在关系，其最基本的实践形式就是渔猎采集活动。在这样一种人与自然的"天人合一"的关系中，人们形成的认识是人与自然是和谐的，人是自然的一部分。随着畜力的使用和金属犁的发明，人类社会从渔猎采集社会进入到农业社会。这一时期的人类对自然的改造，不仅由被动开始转向主动，而且改造的广度和深度日益扩大，由此人类自身的生存质量得到了很大的提高。人类从旧石器时代迈向新石器时代，再由青铜器时代进化到铁器时代，与此如影相随的是人造器物，如生产、生活工具的不断发明与革新。但是这一时期人类的生产力极其低下，所以使用的生产工具就是各种石器、骨质器物、青铜器、铁器等。

尽管随着生产力的不断提高、城市的出现和人口的增加，人类对食物、燃料和建筑材料的需求日益增强，为此，大片的森林、草原被开垦，自然环境受到一定的负面影响。但是，这种负面影响还是局部的、可恢复的，人对自然的内在依附关系在总体上尚未被打破。黄色农业文明中人与自然也是基本和谐的，人虽然开始有了独立性，但这时人类形成的认识仍然是天人合一的。在天人合一的状态中，技术因人类需求的不断变化呈现出多样性的进化态势，而科学虽以作为一种高级的、独立的文明形式已经从技术中分离出来，但还没有从其母腹，即哲学、神话和自然宗教之中脱离出来。早期人类对自然的了解很少，人类自身还是处于一种蒙昧无知的状态。因此早期人类在思维方式上还没有形成理性思维能力，而是主要表现为模糊性、整体性和直觉性，对于事物的认识更多是停留在表象和局部。经验性构成了早期人类认识的基础，所以人类的先民还不可能对自然界的本质和规律有深刻精细的认识。到了古希腊的伊奥尼亚学派，人类才真正开始用理性来看世界、想世界。由此不难发现，尽管古代社会科学、技术都有不同程度的进步，但是人类主要依赖于手工工具进行生产劳动，所以没有现代科学技术与生产力之间具有的内在关系问题。

要想了解近代科学技术的产生和发展，中世纪晚期开始的"文艺复兴"以及启蒙运动是不可缺少的钥匙。近代科学技术的诞生，对整个西方世界，特别是工业机器化产生了深远的影响。伴随着机器大工业的发展，在它的直接驱动之下，人们利用培根—笛卡儿—牛顿的工具理性，通过三次产业革命，创造了发达的物质文明。人类不断拓宽了开发利用自然的范围，由地表、地壳深处到太空和深海。在征服自然和改造自然的过程中，人类获得了前所未有的广阔自由空间。在工业社会带来的巨大物质财富面前，人类的自信心不断增强。对自然的观念，从最初的顶礼膜拜发展到随心所欲地控制和征服。在工业社会中，人与自然渐行渐远，成为自然的主人。但同样无可否认的是，科学技术的这种发展也打破了地球自然系统的内在平衡,造成了严重的生态危机,人与自然的对抗骤然全面激化。也正是人与自然的彻底分离甚至对抗,科学技术作为人类认识的成果及应用达到了一个新的高度,这时形成的认识是人与自然的对立,在这种状态下,科学处于独立的地位,人们对自然的认识和改造是明确的,人类思维方式的思辨性、分析性和精确性,认识对象的确定性,认识基础的科学性,使人类对自然界的本质和规律有了相当深刻的认识。

从人与自然的原始融合到截然对立的这个过程,正是技术的演化推动着人与自然关系的变化。在这一过程中,技术是推动人与自然关系演化的中介,它既强有力地改变了外在自然,更改变了人自身的自然。外在自然的改变意味着工具的进展,所以说,技术在本质上揭示了人与自然之间的能动关系,人类生活的直接生产过程,以及人的社会生活条件和由此产生的精神观念的直接生产过程,这充分体现了人对自然的关系,技术是人本质力量的一种展现,属于直接的生产力。正是在技术的不断发展过程中形成了人对世界的各种认识,技术是人的实践活动中所不能缺少的工具、手段和方法，人类单凭自身的体力很难获取生存所需要的生活资料，因此即使是在远古时代，原始人也需要运用最原始的工具作用于自然，离开技术，人的实践就很难进行，人的认识也难以形成和发展。所以说，人获得认识必然要通过人与自然之间的中介，也就是工具即技术，而技术就具有了认识论的意义。但是科学技术并不满足于中立的、作为目的的手段存在于人与自然之间，而是在参与人与自然关系的现实世界构建之中，作为一种展现方式彰显着现实。所以，从科学史和技术发展史上看，两者之间形成内在相互促进的关系是近代工业革命以后的事情。而科学与技术的这种相互促进关系的形成，却是科学技术能够成为生产力的前提和基础。

第一节 古代境遇中的科学技术

远古时代，人类已经逐渐学会运用火石和其他的一些硬石粗糙地敲制出早期的原始火石工具，这就代表着人类开始渐行渐远地脱离动物。进入新石器时代，在长期的生活与实践活动中，人们逐渐学会区分人与自然、人与人、物与物。在学会对事物进行区分的基础上，人们开始试图对各种现象作出有联系性的描述并猜测它们彼此之关系或各种现象相互联系的原因。那个时代，人们对各种事物的猜测只能以人的感性经验为基础，那些人们感觉到又比较确定的现象联系作为知识积累就逐渐发展为科学；那些人们感觉到但说明不了或变化不定的现象（如雷鸣、闪光、干旱、洪水等）则被神秘化（设想为拟人化的神等）而发展成为宗教。在那个时期，宗教观念在人们头脑中占据主导地位，科学知识则在充斥着神秘的、荒诞的种种宗教观念中逐渐积累、成长。总之，在史前的生活世界里，技术先于科学而诞生，技术不仅是人类生存发展所必需的工具，同时也代表着不同时期人类生活方式，而更为重要的意义在于人类诞生之初的器物是代表礼仪的装饰物。正如吴国盛教授所言，人类的器物之于人类起源的意义不是仅限于体质或是物质上的进步，而是在于它代表着"意义"本身的显现。

一、器物的技术：作为生活意义的技术

早期人类的原始技术是表现在对工具的制造上，这一历

史可以追溯到远古时代的原始石器。根据现今的考古发现，人类的进化，即人类自身的创造是与制造工具的原材料以及制造技术同步的。距今300万至30万年前，在南方猿使用天然木头和石头为工具的基础上开始，旧石器时代早期的直立人开始用火石与砾石打制石器，比如砍砸器、刮削器和手斧等。因为这一阶段的直立人已经知道用火，并有意识地使用天然火对不同的石料采用不同方法进行加工，这就使技术进步成了必然。当早期的人类开始有意识地改造自己所处的环境时，他们对自身的需求已经有清晰的认识。正是在满足生活需要的推动下，人类的技术得以不断向前发展。距今30万到5万年前的旧石器时代中期，早期智人阶段原始石器开始趋向专门化。到了公元前5万—1万年旧石器时代晚期，最后一个冰河期即将结束，晚期智人成了比先期人种更高级的人种。这一时期无论是生产工具还是生产技术都有了长足的进步，如火石石片的制作工艺有了很大的改进、孔针的雕骨工艺等。在制作工具的原材料方面也有了很大的扩展，采用动物骨头和角制成的器具开始出现在实际的生活之中。与此同时，晚期人在长期与自然打交道的过程中，为了使用方便逐一块指示石，标出了夏至日太阳升起的方位。这类建筑物也不仅是用于宗教用途，而且还有天文学的功用。

在科学技术尚处于萌芽阶段的漫长人类历史中，人类认识和改造自然的能力还很低，自然展现在人类面前的是一个巨大的、主导的神秘力量，自然是人类的母亲，同时也是人类的主宰，而在这种人与自然关系的现实世界中，技术参与现实世界的构建主要是结合宗教、神话和艺术等其他展现方式进行的。例如，在古代中国，农业靠天吃饭，因而雨水决定收成，但当时人们并不懂得雨水形成的条件，也没有技术手段进行控制，于是在干旱的地方，人们就祈求龙王以降甘霖，而在容易发生洪涝的地方，人们也会祈求龙王保证风调雨顺。这种宗教文化展现出一种无间隔的人与自然的关系，自然主宰着人，而人则赋予自然物以各种意义，技术还没有展现逾越自然禁忌的力量。总体上，当时各种各样的技术，对于那一时期的人类而言就是他们存在于世界的方式，是对生活世界意义的一种表达。

二、工匠的技能：作为技艺的技术

公元前8世纪，爱琴海地区形成了统一的希腊民族，他们继承、融合了古巴比伦和埃及的文明，创造了光辉灿烂的古希腊文明，成为西方科学和哲学的发源地。古希腊文明从公元前8世纪延续到公元前1世纪，包括古罗马时期。几乎与此同时，古代中国进入春秋战国时代（公元前770—公元前221年）出现了百家争鸣的局面，与古希腊文明交相辉映。它们成为东西方古代奴隶社会文明的典范。

奴隶社会的科学技术与原始社会相比已有很大的进步。古希腊人崇尚理性思维，重视理论研究而比较轻视工匠传统的实用技术，不过希腊建筑以其独特风格在欧洲的建筑史上占有一席之地。到了罗马时代，罗马人注重实用技术，在冶金技术、农业技术及建筑、交通、城市建设等工程技术方面有较高成就。在冶金技术方面，希腊人与罗马人有两个主要贡献：一是学会制造水银，并利用水银进行黄金的提炼；二是制造黄铜，即铜锌合金。在农业技术方面，由于对粮食需求量的增加，促使当时的人们改进了早期的犁，使其更适于对当地土壤进行深耕。正所谓需求是发明之母，人造器物因能够满足人类生活最基本的需要而存在并不断进化。与古希腊重科学轻技术、重理论轻实用的传统不同，中国古代的科学技术具有技术性、经验性、实用性的特点。与农业、手工业生产密切相关。各种生产技术如农业技术、陶瓷技术、丝织技术、冶炼技术等达到较高水平。在春秋战国时期兴建的大型水利工程都江堰、芍陂等，就是中国古代杰出的技术成就。这一时期的技术主要表现为工匠所拥有的技能，还没达到有意识地、自觉地建立相关理论，但从另一角度来讲，表明人类观察能力以及把知识从经验中抽象出来的能力得到了很大提高。

在古代社会生活里，技术这一概念经常是与"艺术"、"手工活动"、"制作"等联系在一起的，从词源学角度讲，技术源于古希腊语，其原初含义是指技能、手工行为、精湛的技艺以及美好的艺术。所以，古希腊对技术与艺术的理解是同一的。如果从技能、技艺角度来理解古代技术，一方面是实际融合在古代社会的日常生活之中；另一方面是存在于古代人的价值观念之中。在古代社会，从事技术活动的人，即技艺人不仅把自然物看成是现成的、固定的制作物，同时也把它视为一种交往的对象。如果从古代技术活动的本质来看，它就是一种制作过程，是一个建立物的世界的过程。亚里士多德在《尼各马可伦理学》中有过这样的表述，一切技术都能促成某种物品的产生，都可以变事物为对象，都与生成有关，就好比女性的生育一样，要营造出什么东西来。所以，亚里士多德认为技术的目的是通过制作在其结果中得以实现。因此，对于古代社会的人来讲，技术就是一种文化，是他们存在的方式，技术使他们能够创造出一个属于自己的生活世界。但是在自然观上，由于受泛灵论与有机自然观的影响，古代人类对技术是怀有戒备心的。因为有机论和泛灵论认为自然内在充满了心灵，是一个活的、自身具有灵魂或生命的理性动物，例如，米利都学派的创始人泰勒斯就把自然视为一个活的生命有机体。而技术却是人类依据自身的需要用于改变自然的活动，它既会给人类的生产活动、实际生活带来益处，同时也会使人们心灵和精神上产生恐惧。因为，技术作为一种创造和制作活动是一种违抗了自然内在神秘意志的活动。为此，美国的技术史学家乔治·巴萨拉就强调希腊人和罗马人由于受到他们对自然、劳动和技术的态度的限制，他们相信由多种神统治的自然是神圣的、不容任何人干涉和利用的领域；把河水或溪水分流以利用水力的做法可能会被他们看成是扰乱大自然秩序的行为。正是在这种思想的主导下，古代人往往是在宗教祭祀、巫术等活动参与下，通过使用某项技术或工具从自然中获取某种物质，例如，早期人类开采矿山时的宗教仪式。从古代人类对自然的理解和认识程度看，古代技术是完全融于了人们的思想观念和行为方式之中，是技艺人的技术，即工匠源于日常生活积累的一种经验性技能，本质上是表现为一种没有科学理论支撑的技能。究其原因就在于，科学知识还没有真正从技术中完全独立化出来。

三、诗性的科学：作为知识的科学

古代科学的典范是在古希腊产生的，公元前8世纪——公元前6世纪，希腊文化进入鼎盛时期，成为后来西方文明的发源地。此时的希腊人开始追问这样一些问题：世界是怎么形成的以及到底是由什么构成的呢？动物是如何出现的，特别是人类起源于什么？早期的古希腊是用神话的方式对世界进行描述的，比如，荷马在描写某次特定的地震现象出现的原因时，是把它归因于海神波塞冬的震怒。在古希腊人的思想观念里，神话的含义不同于我们今天的理解，神话指的是叙述和讲话的意思。而最早采用系统的、理性的观念而看待世界的是米利都学派的思想家，比如，阿纳克西曼德认为风是引起打雷的原因，云块分裂引起了闪电。在宇宙的构成、世界的起源问题上，古希腊的第一位科学家、哲学家泰勒斯认为万物始于水，又复归于水，水是世界的本源。他的学生阿那克西米尼则提出，气是万物的本源，是万物的始基。由此我们不难发现，西方理性的思想是起源于米利都，也就是说古希腊的科学和哲学都是从位于小亚细亚的米利都开始的。这一时期米利都的哲学家或者说伊奥尼亚的哲学家，主要是指自然哲学家们的主要成就表现在这样几个方面：一是对宇宙的生成、世界的起源以及各种各样的自然现象开始作出了具有实证精神特点的回答，这样就形成了一个外在于宗教、不同于神话的思想领域；二是提出了有别于传统神甫关于宇宙秩序的思想，认为宇宙的秩序是建立在宇宙自身内在规律和分配法则之上的；三是关于宇宙的构成开始有些几何学的观点，认为宇宙是处于一个均质的、对称的空间之中。

在文化学术发展的大背景下，古代科学在希腊得以快速发展，成为近代科学的"摇篮"，此时的科学多数以自然哲学形态的面貌出现。它的特点在于：一是经验的直观性。古希腊科学的基础主要是直观的经验，这些通过人的各种感官直接感受所取得的经验事实不是在纯化的、可控条件下取得的，因此，比较表面、肤浅、模糊、不准确。二是理论的思辨性。古希腊科学由于其经验基础的直观性，一般对所使用的语言或者概念不进行解析，并且在神话、巫术和各种自然宗教的一定影响下，通过思辨和猜测来进行理论构建。因而，其理论体系没有从哲学形中分化出来，表现出含混、朦胧、粗糙和笼统等特点。三是逻辑的渗透性。在亚里士多德逻辑法则和毕达哥拉斯、柏拉图数学重要性的影响下，古希腊科学一般都内含逻辑形式和理性成分。这就成为古希腊科学是近代科学摇篮的不可忽视的原因之一。恩格斯指出，在希腊哲学的多种多样的形式中，差不多可以找到以后各种观点的胚胎、萌芽。因此，如果理论自然科学想要追溯自己今天的一般原理发生和发展的历史，也不得不回到希腊人那里去。

在西方，古希腊天文观测已达到较高水平。但是，注重数理的希腊人在天文方面的兴趣更集中在宇宙模型的构思上，形成了数理天文学传统。毕达哥拉斯提出了具有革命性意义的"地球"的概念。毕达哥拉斯学派提出地球是和其他天体围绕"中心火"作匀速圆周运动的同心球模型。这个模型是按照宇宙具有和谐与完美的信念设计的，与实际天文观测并不相符，因此很快被其他模型所取代，但天体作匀速圆周运动的观念却被继承下去。在天文学史上，这一观念流行了一千多年。在同心球模型之后，希帕克斯提出了以地球为中心的"本轮—均轮"宇宙模型。这个模型经过古希腊天文学的集大成者托勒密的改进，比较准确地再现了所观测到的天体运动情况，与实际观测符合得相当好。又由于中世纪封建社会的推崇，因而在西方学术界长期占统治地位，直到16世纪才被完全推翻。古希腊的天文学家阿里斯塔木认为恒星和太阳都是不动的，地球和其他行星围绕太阳旋转。他的基本观点是正确的，但是由于与人们的感觉经验不一致，没有被当时的民众普遍接受。在数学方面，古希腊的数学成就主要表现在几何学领域，欧几里得的《几何原本》集古典数学之大成，运用公理化方法使几何学知识条理化，形成一个逻辑严密的演绎系统，成为科学史上的典范。阿波罗尼（生于公元前262年）用纯几何的方法处理复杂的圆锥曲线问题，表现了高超的几何思维能力。在物理学方面，亚里士多德是古希腊百科全书式的学者，也是古希腊最系统地研究物理现象的人，他关于时间、空间、运动等方面的观念在近代自然科学建立之前一直占据统治地位。阿基米德发现了杠杆原理和浮力定律。欧几里得发现了光的反射定律。在生物学和医学方面，亚里士多德对500多种动物进行了分类，并解剖了50多种动物。他的学生对植物进行了分类，表明古希腊人已具有比较丰富的生物学知识。古希腊"医学之父"希波克拉底主张医巫分离，建立了古希腊的医学体系。他提出的"四体液说"成为古希腊医学的理论基础。他认为人体主要由四种体液组成，这四种体液是血液、黏液、黄胆汁和黑胆汁，它们比例协调肌体就健康，比例失调肌体就处于病态。他的学说具有朴素唯物主义和整体论的思想，但是过于笼统、简单。古罗马名医盖伦代表了那个时代临床医疗的最高水平。盖伦一方面进行了动物解剖，并将动物与人体相比较，另一方面又借助宗教教义，用"灵气说"来解释人的生命特征。灵气有"自然灵气"、"活力灵气"和"理性灵气",分别与消化、呼吸、神经有关,并共同主宰全部生命活动。这里的"灵气"是非物质的,这是该学说的主要缺陷。他的学说在西方曾长期占统治地位。

科学自诞生那天开始就具有强烈的理性特征,如果从严格意义上讲,它代表的是西方文明传统。亚里士多德在《尼各马可伦理学》中,把科学表述为对普遍、永恒和必然的追寻。由米利都学派开创的实体构成主义传统和毕达哥拉斯学派开创的形式主义传统被近代科学继承和发展。在古希腊,科学知识作为对真理的追求是诗性的智慧,也就是一种创造性的智慧。亚里士多德强调,科学不同于技术,它的始点就是理智的对象,而理智是不需要证明的,所以科学的品质是可证明的。因为科学的对象没有运动和变化,所以这种知识是必然和永恒的,是探索真理的方式,一切科学知识都是可以传授的。

在东方,中国奴隶社会时期的科学技术还处在奠基阶段,许多知识包含在哲学和经验性记述中,并具有经验性、实用性特点,主要是天文学、数学、医药学发展得较早。物理学和化学的知识还很零散,进入封建社会后,它们才不同程度地逐渐发展起来,形成理论体系。在天文学方面,与古希腊不同,中国古代天文学基本上是实用天文学。人们为了制定精确的历法、确认农时、预报日食、月食等天文现象(占星术的需要)而对天象进行了观测记录。殷商时代的甲骨卜辞中已用干支纪日、数字纪月,有日食、月食、新星的记载。《诗经》、《春秋》、《左传》中都有丰富的天文资料。战国时期(公元前4世纪)出现了天文学著作《甘石星经》,是世界上最古老的星表。在数学方面,中国古代的数学知识主要侧重在实用性,早期为算术的运用,几何学的发展则较弱。春秋战国时代运用算筹计算,采用十进制记数法。在物理学方面,以战国时期墨翟为代表的墨家学派是中国古代科学知识的集大成者。他们比希腊人更早发现了杠杆原理和浮力定律,以及光的反射定律。在医药学方面,这一时期中国医学还处于经验积累阶段。在春秋时代经验医学逐渐脱离了巫神束缚,产生了医和、扁鹊等民间专职医生,发展了望、闻、问、切的诊病方法。早在商朝已有中药汤液和复方药剂。针灸、手术等治疗方法也逐渐发展起来。考古发现当时已有一些关于疾病分类和病症的记载，为医学理论的形成准备了条件。总体上，古代中国的文化发展是独具体系的，其中科学知识自形成起就有别于西方的理性传统，更多是具有实用性、经验性的特征。所以，近代科学不是起源于中国，但是中国的四大发明传入欧洲后，为近代科学的形成提供了促进作用。

总之，在古代社会，无论是在代表西方文明的古希腊，还是在代表着东方文明古国的中国，科学都是作为关于自然现象、关于宇宙的起源以及可以学习的知识而存在的。古代中国的科学技术主要是表现在当时的农业、天文学、算学和医学上，其突出特点是很实用、带有明显的经验性。而在古希腊，科学和技术之间有着清晰的界限，技术就是一种改变自然的创制的智慧，是制造器物（人造物、工具）的技能，而科学是发现真理、对必然物进行判断的理性。整个古代社会的经济结构，受科学技术进步的影响有过三次大的变化，首先是农业和畜牧业的分化，随后从原始的农业中分化出手工业，接着又从手工业中分化出商业。所以，科学技术的发展引起社会生产部门结构的变化古已有之。

第二节　中世纪境遇中的科学技术

中世纪是一个封建神权统治时期，基督教成为全社会的统治思想。自公元6世纪开始到11世纪，史称欧洲的黑暗年代，自然科学的发展处于一种荒漠状态。基督教神学的主要任务是从理论上解释并论证"圣经"的绝对真理性，批驳各种异端邪说。但就是这一时期，阿拉伯人却因继承了希腊人遗留下的灿烂的科学文化知识，建立了文化发达、经济繁荣的阿拉伯帝国，一直持续到12世纪。中世纪科学技术水平发展，是西边不亮但东边亮的状况。从公元7世纪贞观年间开始的盛唐一直持续到17世纪的明末，中国的科学技术水平远远领先于欧洲，产生了推动近代科学的诞生以及人类文明发展的四大发明：造纸、火药、印刷术和指南针。关于此，马克思曾有过这样的论断，火药把封建社会的贵族骑士阶层炸得粉碎，指南针导致了地理大发现，帮助资产阶级拓宽了世界市场并建立了殖民地，印刷术变成新教传播的工具，成为科学复兴的手段，这三大发明预告了资本主义社会的到来。

5—12世纪，西欧各国的科学研究一直处于沉寂状态，经过漫漫长夜，直到中世纪后期，大约12世纪开始，才有了复苏。而这种科学研究的复苏，为近代自然科学革命作了一定的准备。随着资本主义在欧洲的萌芽与成长，新兴资产阶级要维护和发展其经济利益并从政治上逐渐取代封建统治，文艺复兴运动和宗教改革运动恰好使资产阶级建立起自己的精神武器，从而使人们的思想得到解放，当然也更有利于学术与文化的发展。哥白尼的"日心说"举起了科学"反叛"基督教神学的旗帜，从此逐渐摆脱神学统治，使自然科学走上独立发展的道路，为近代自然科学体系的最终确立提供了坚实的基础。

一、中世纪的科学：作为神学的科学

欧洲随着西罗马帝国于公元5世纪的最后解体形成了近代各个民族和封建国家。西罗马帝国的灭亡、基督教的产生和发展、柏拉图学院的封闭以及亚历山大图书馆的被毁，这一系列事件使得以古希腊为代表的古典文化衰落了。从公元5世纪到15世纪意大利文艺复兴的这段时间，史学家称之为中世纪。由于入侵的蛮族没有文字，没有自然科学，更由于基督教的扼杀和破坏，古希腊文明之火被熄灭。自公元5世纪到公元11世纪，欧洲一直处于黑暗时期。在这段黑暗时期，古希腊的科学和哲学之所以能够被保存下来，应该说基督教教会作出了不容忽视的贡献。

在西方历史上，罗马帝国的疆域曾经很庞大，帝国的西部自大西洋开始，东边到达波斯，北部到英国，南面延至地中海的南部。当时在所用的语言方面，帝国的东西部截然不同，东部地区使用拉丁语，而西部地区使用希腊语。所以，在行政管理上，罗马帝国也分裂为东西两大部分。后来，东罗马帝国改名为拜占庭帝国，希腊语被定为拜占庭的国语，希腊的文化在此得以延续，并发展为后来的拜占庭文化。公元5世纪，由于蛮族军队攻入罗马并进行了全城的大洗劫，西罗马帝国灭亡。到公元7世纪初期，运用希腊语写成了一批对古代世界而言最重要的科学著作，其中一些著作对中世纪以后，乃至文艺复兴时期的科学发展产生了深远影响。比方说，克劳迪乌斯·托勒密的《天文学大成》、古希腊医学集大成者盖伦的医学和生物科学方面的理论都对后世产生了深刻的影响。

在这一时期的希腊罗马世界里，基督教诞生、传播并取代了传统的神祇。到了公元313年，君士坦丁大帝授予基督教与其他宗教完全一样的法律地位，使其具有合法化，这就意味着基督教与其他传统宗教是平等的。到了4世纪末，基督教被定为国教后，政教合一，教会逐渐成为统治欧洲思想文化的政治力量。由于担心古希腊文化会对信仰产生颠覆影响，基督教视古希腊的科学和哲学为异端学术，对其进行扼杀和破坏。信徒坚信基督教才是能够提供真理体系的唯一的、真正的科学，而其他的学科，如哲学以及一般世俗的学问只是为受启示的基督教智慧作了准备而已。在这一期间，古希腊的学术被遗弃，成为论证神学的婢女，哲学被视为理解《圣经》的辅助手段。在中世纪的科学发展上，基督教的出现起的是负面效应。由于对信仰的追求，使当时的人们疏于对事物的专注研究，丧失了探索自然的热情。

随着柏拉图学园被封闭，亚历山大图书馆被烧毁，自然科学的发展在欧洲越来越被束缚。在宗教神学的禁锢下，自然科学不能违背圣经教义，成为论证神学的手段。亚里士多德的物理学、托勒密的宇宙模型后来都被经院哲学家用来论证神学自然观而取得了权威地位。11世纪以后，十字军东征，从东方带回了阿拉伯人所保存的古希腊自然哲学和科学著作及中国的四大发明。对古典文献的大翻译运动带来了欧洲学术的第一次复兴，使人们从蒙昧中苏醒。这时的欧洲出现了一批大学，成为学术活动的中心。早期的大学带有明显的行会特点，是指由教师和学生组成的行业协会，同11世纪以前的教会学校相比，是开放和自由的近代精神的代表。思想解放运动的先驱罗吉尔·培根反对迷信权威，推崇实验在认识自然界中的作用，成为近代实验科学的先驱。

从近代科学发展的整个历史过程来看，一个问题在科学史学界备受争论——中世纪的经院自然哲学到底对近代早期科学的发展作没作出一些有益的准备工作？近代科学与中世纪的科学之间确实有着内在的延续吗？对此，我们应该采用辩证的观点看问题。尽管当时学术界对于中世纪经院哲学基本是持否定态度，例如，伽利略在《关于两大世界体系的对话》一书中，借用辛普里丘的形象抨击经院自然哲学阻碍了新科学的建立。但是，经院自然哲学家关于运动学以及动力学方面的研究成果对17世纪物理学的研究内容和发展趋向都产生了一定的影响。在20世纪初，法国的史学家皮埃尔·迪昂在研究中世纪科学时，通过对中世纪手抄本的整理和挖掘，提出了关于中世纪科学与近代科学之间具有延续性的新观点。他认为，始于哥白尼，经过伽利略、开普勒、笛卡儿直到牛顿的科学革命，一定意义上是对14世纪中世纪大学提出的物理学和宇宙论观点的详细阐述和拓展。而与其相悖的观点是反对两者之间具有关联性和延续性，例如，著名的科学史学家亚历山大·柯瓦雷认为，近代早期科学尤其是17世纪的物理学虽然与中世纪的思想和概念有一些相似性，但在科学理论的范式上是不可通约的。

总体上，欧洲中世纪的自然科学的性质和近代自然科学的性质有着根本的区别，它具有浓厚的宗教色彩。正如卡普拉在《转折点—科学、社会、兴起中的新文化》一书中所言，中世纪的自然科学的基础是理性与信仰，它的主要目标就是理解事物的意义与重要性，而不是像近代以后的自然科学要预测事物的发展变化并控制自然。

在东方，中国封建社会的科学技术相对于欧洲而言，取得了一些可喜的成就。在农业生产技术和农学方面，由于农业是中国社会的经济基础，农业生产积累了丰富的经验并有很多发明创造。作为农业生产经验的总结，中国古代农书之多居世界首位。著名的如南北朝贾思勰的《齐民要术》、明代徐光启的《农政全书》。在医疗技术和医药学方面，西汉时期成书的《黄帝内经》是中医基础理论的代表作，其以脏腑经络、阴阳五行学说说明人体。东汉张仲景的《伤寒杂病论》奠定了临床辨证施治的基本原则。此后，隋朝有《诸病源候论》，金元有寒凉派、攻下派、补土派、滋阴派，明朝有温病学派等，它们分别从不同侧面对中医理论进行了补充和完善。同时，药学和方剂学也取得了卓越的成就，特别是采用天然动植物加工炮制，实践证明有独特疗效。其主要代表作有汉朝的《神农本草经》、唐朝的《新修本草》、孙思邈著的《千金方》、李时珍著的《本草纲目》等。在诊治上如脉诊、针灸等也独具特色。中医理论是以古代自然哲学为基础的，自成一体，充满唯物论和朴素辩证法思想，是一个不可多得的丰富宝库。在天文学和数学方面，由于天文历法工作的重要性，历代王朝都极为重视，设立政府机构由专人负责，天文学成为官府之学。中国古代天文观测仪器之先进，观测资料之丰富居于世界领先水平。历代编制的历法多达一百多种。中国宇宙论主要有盖天说、浑天说和宣夜说三大家。中国的数学侧重于实用而理论性不强，古称"算学"。汉代的《周髀算经》是现存最古老的数学著作；《九章算术》是中国数学的奠基式著作；三国时刘徽创立割圆术计算出圆周率的精确值；唐朝出现珠算，取代算筹。中国数学的发展在宋元时期达到高峰，出现了一大批著名的代数学家和代数学著作，达到了世界领先水平。

二、中世纪的技术：作为科学来源的技术

在欧洲的整个中世纪时期，技术在不断积累过程中有了进步。在11世纪或者更早一些的时期，德国、匈牙利等国家的铁矿业、铸造厂、玻璃厂和盐场都有了进步，这就为近代科学技术的发展打下了基础。这一时期的东方文明古国——中国，却形成独具一格的科学技术体系。

中国的封建社会自秦朝始（公元前221年）至清朝止（公元1911年），历时两千多年。在此期间科学技术缓慢

发展，形成了具有民族特色的农、医、天、算四大经验科学和陶瓷、丝织、建筑三大技术，在许多方面取得光辉灿烂的成果，居于世界领先地位。在制陶技术方面，中国的制陶技术和制瓷技术发展至唐宋时已达到了炉火纯青的程度，出现了青瓷、白瓷、黑瓷、彩瓷等不同品种，成为艺术精品并出口到国外。中国养蚕和丝织技术的起源也很早，汉代即已达到很高水平。丝绸贸易形成了丝绸之路，促进了中外文化的交流。中国的建筑技术在秦代发明烧砖技术后经过汉代的发展，到唐代已成熟，形成了高超的技术和独特的风格，现今遗留下来的长城、宗教建筑、宫殿建筑等都是中华民族智慧的结晶。中国古代的四大发明——火药、指南针、印刷术、造纸术，对于世界文明，尤其是欧洲近代文明的兴起具有独特的贡献。指南针使航海事业得以发展，促进了地理大发现，为欧洲带来了观念革命和经济成果。火药帮助资本主义打开了市场，造纸术和印刷术促进了文艺复兴和宗教改革的思想解放运动。

欧洲的中世纪，由于农业技术及其生产工具得到不断的发展和改进，适应欧洲气候环境特点的犁壁，在11世纪出现，对它外形和功能的改进一直持续到18世纪末。希腊罗马的手工制陶技术，由于受到了伊斯兰国家和中国制陶工艺的影响，有了很大的进步。公元9世纪以后，欧洲社会的政治动荡基本结束，这一时期的冶金业有了上升的发展趋势，新的冶炼点和采矿点开始在罗马帝国疆域以外出现。在能源利用方面，煤炭取代了日益短缺的木材被运用于冶炼。由于武器和铁制工具的需要推动了冶铁技术的不断创新，配备水箱的新型熔炉出现，制铁业从这一时期开始走向专门化。在建筑方面，欧洲中世纪的教堂建筑是它比较突出的地方，大量气势恢弘的哥特式建筑出现，例如，科隆大教堂、巴黎圣母院、兰斯大教堂和米兰大教堂等。

如果说，欧洲中世纪的技术是科学发展的来源之一，那么就需要了解炼金术对化学学科的形成及发展的影响。由于炼金术士的目标是在具体的实验活动中获得利益，如制造贵金属等，所以尽管他们活动结果可以作科学解释，但是这种活动仍不属于科学。炼金术作为现代化学的雏形，它的起源最早可以追溯到公元1世纪的维托德谟克利特和佐息莫斯的著作中。工匠的传统和柏拉图在《蒂迈欧篇》中对物质的基本观点构成了炼金术的两个主要来源。早期的工匠在生产实践中，就已经开始逐渐懂得怎么样才能使金属的颜色和光泽发生变化。到希腊的亚历山大里亚，炼金术存在于当时的实用生活技术之中，它的目标是通过改变贱金属的特性而让它变成黄金。亚历山大里亚的炼金术士的实验，不仅提高了当时化学产业的工艺水平，而且发明了后来化学实验室常用的仪器设备，例如，熔炉、蒸馏器、烧杯、过滤器和加热锅等。炼金术在亚历山大里亚大约流行了300年，到公元292年罗马皇帝戴克里先下令烧毁了所有有关炼金术的书籍，至此炼金术走向衰落。中世纪的阿拉伯人重新让炼金术复活，当时最著名的炼金术士是贾比尔和拉兹。贾比尔认为，一切金属都是由两种物质：汞（即水）和硫（即火）按照一定比例化合而成的，这样就把定量分析的方法引入了炼金术的实验中。贾比尔的炼金术思想已经没有了早期炼金术的神秘主义成分。他的继承者拉兹进一步发展了贾比尔的组分理论，并在炼金术中添加了第三种组分，即盐。炼金术的三组分理论一直延续到了17世纪波义耳《怀疑的化学家》一书的出版，才宣告结束。所以说，真正的、科学的化学脱胎于古老的炼金术，但研究目的、性质却截然不同。作为化学学科奠基人的波义耳认为，化学不是用来制造贵金属或某种具有有用性的药物的经验技艺，而是一门科学或哲学的分支。

  整个中世纪，欧洲社会经济形式是以封建庄园的自然经济为主。但随着科学技术的发展，社会生产力逐渐提高，欧洲出现了工场手工业。工场手工业是建立在手工劳动和手工工具基础之上的。从16世纪中叶至18世纪末叶，以分工协作为基础的工场手工业在欧洲居于统治地位，称为工场手工业时期。分工的结果是劳动工具越来越专门化，工具的特殊用途越来越多。这样就有利于劳动工具的简化、改进和多样化，由此促进了劳动生产率的提高，为机器产生准备了物质条件。

第三章　近现代境遇中的科学技术

　　中世纪西欧经济、社会与科技发展缓慢，到14世纪末15世纪初，资本主义生产关系开始在封建社会内部萌芽。一些新技术，如水力、风力、脚踏纺车和织布机得到利用。中国的火药、指南针和造纸术也传到欧洲，工商业得到逐步发展。随着新航路的开辟和欧洲殖民国家的海外扩张，极大地刺激了欧洲商业、矿业、冶金、机械、钟表、纺织、造船、海运、玻璃等工业和金融业的发展。与此同时，欧洲历史上还兴起了著名的"文艺复兴运动"和"宗教改革运动"。文艺复兴以复兴古典文化为手段，歌颂人性，反对神性；提倡人权，反对神权；提倡个性自由，反对宗教禁锢；赞美世俗生活，反对来世观念和禁欲主义。文艺复兴运动高扬的人文主义实际上是对整个中世纪神学精神的否定。1517年，马丁·路德开始的宗教改革运动则在政治上反对罗马教会至高无上的权威，要求把人们从教会的束缚中解脱出来。路德主张信仰高于一切，只需心中有对上帝的信仰，就能得到拯救，而不必通过罗马教会这个中介。虽然文艺复兴更关心书本知识而不是对自然的第一手研究，而宗教改革的领袖至少也像天主教一样容不下异端，但人们开始从中世纪基督教思想桎梏中逐渐解放出来，由对神的信仰转向对科学的追求，而这正是中世纪思想与近现代思想最大的差异。

我们知道，作为宗教改革的结果，新教开始在欧洲各国盛行。由于新教主张人们通过自己现实的社会生活，通过自己的工作努力，得到上帝的恩宠，从而得救。通过对上帝的杰作，即对自然界的具体研究，来达到赞美上帝的目的，这是新教徒从事科学研究的动力之一。

在资产阶级革命和文艺复兴运动等多种社会因素的共同推动下，近代科学产生并且逐渐兴起。经过16—17世纪摆脱神学统治的斗争，自然科学走上了独立发展的道路，经过16—19世纪近400年的努力，才初步建成了近代自然科学的体系。近代自然科学诞生的标志，是哥白尼日心说的提出。1543年，波兰天文学家哥白尼出版《天体运行论》，提出太阳中心说。哥白尼学说的提出，是人类思想史上最重大的事件。从科学上讲，日心说的创立是近代科学史上划时代的事件，它恢复了地球是普通行星的本来面目，推翻了一千多年来占统治地位的地心说。虽然哥白尼的体系在观察上并不优于托勒密体系，但他以天体的真正运动代替基于日常经验的视运动，使人类对太阳系的结构、各天体的位置与运动有了比较正确的认识，为近代天文学的发展奠定了基础。在哲学意义上，它不仅标志着自然科学从神学中解放出来，而且还从根本上动摇了中世纪以来神学关于上帝创造世界的理论基础，为人们提供了自然观念上的根本革命。在哥白尼之后，特别是一些新的自然科学发现，与神学的自然观念格格不入，经过布鲁诺、伽利略、波义耳等人的工作，宗教神学的自然观逐渐被人们抛弃了。

近代科学技术的发展与古代科学技术相比截然不同。古代科学主要是建立在直接观察基础上，而近代科学从自然哲学中分离出来，首先突破经院哲学的桎梏，提倡实验的方法，并建立起实证科学方法论的传统。其次，实验作为近代科学认识自然的研究方法，在许多方面优越于观察和生产实践。所以，以科学实验为认识基础的自然知识就获得了新的科学形态，即实验科学。实验科学是近代自然科学的基本形态。首次引入"实验科学"一词的是罗吉尔·培根，他强调真理的获得应依靠经验和实验，而不是引经据典。伽利略是最早自觉地、系统地把科学实验方法应用于自然科学研究的人，第一次把数学语言总结的自然规律的公式与科学实验结合起来。正是基于此，他被爱因斯坦称为近代物理学之父——事实上也是整个近代科学之父的原因。而对实证科学方法的确立起到重要作用的另一个伟大人物是英国哲学家弗朗西斯·培根，他在其《新工具》一书中对自然科学的实验研究方法从哲学方面作了系统的总结和倡导，对实证科学方法传统的确立作出了卓越贡献。所以马克思视培根为英国唯物主义和整个现代实验科学的真正始祖。18世纪末以前的自然科学，除力学、数学得到较大发展、光学取得重大成就外，其他科学尚处于搜集材料的阶段。当时自然科学的特点是分门别类地进行研究，并力图用机械力学的理论来解释自然现象，人们所获得的科学材料还不足以说明各种自然现象之间的联系、变化和发展，不能说明自然界各种事物的过程性。

近代科学作为知识并没有分化成各种各样的门类，而是被视为一个整体。当时科学和哲学还没有分离，所以近代的哲学家更关注科学、反思科学，而忽视技术。那么，为什么技术没有引起近代早期哲学的关注呢？德国技术哲学家F·拉普在《技术哲学导论》中，回答了这一问题。F·拉普认为，除了具体的历史情况外，忽视技术的根本原因就在于西方学术界历来有重视理论研究的传统，而视技术为不需要更多知识的技艺、手艺。换句话讲，技术只是对科学发现的一种实际应用，所以哲学没有必要对它进行研究。尽管在16—18世纪期间，技术发展速度还比较缓慢，但也有很多思想家关注技术、重视技术，并高度评价技术。文艺复兴时期的伟大画家、哲学家、建筑师、雕刻师、物理学家和思想家达·芬奇非常崇尚实验精神，重视发明创造，把发明人视为沟通人与自然的人。培根反对否认技术作用的哲学观念，他在谈到技术的作用时说，技术是在一个物体上产生和加上一种新的性质或几种新的性质，这是人的力量的工作和目的。英国机械唯物主义者霍布斯认为技术对人类社会的进步是有益的。为此，他提出人类最大的利益，就是各种技术，也就是衡量运动和物质的技术，推动建筑的技术，航海的技术，制造具有各种用途的工具的技术，等等。关于技术概念的基本含义，18世纪法国机械唯物主义哲学家狄德罗有过明确的界定。在狄德罗主编的《百科全书》中，他指出，技术是一个包含各种工具和规则的体系，这个体系在某一个共同目的下，共同协作而组成的。这就表明，技术应该是有目的性的，一个技术不是孤立的，而是需要社会协同合作来完成的。技术作为一个体系，就应该包括工具、规则、工艺方法，等等。

　　在第一次工业革命以前，科学和技术分别在各自的轨道上缓慢前行，科学更注重理论研究，探索自然的奥秘，而技术被看作是改变物质的技能，更强调自身的实用性。所以，18世纪的工业革命是在没有多少科学理论的介入下产生和发展的，但自此之后科学和技术之间的关系越来越紧密，并形成了相互促进的反馈循环机制，人们也就开始逐渐用科学技术来通称科学与技术。

　　直至今日，科学技术的发展速度已今非昔比，它们更深入地介入到人与自然关系的现实世界构建之中。因此，德国学者冈特·绍伊博尔德在《海德格尔分析新时代技术》一书中明确指出，新时代技术已经成为普遍的、对人与自然和世界加以规定的力量。近现代科学技术以及工业的迅猛发展，不仅提高了社会生产力，而且也为生产力系统增添了新的内容。今天，科学技术作为生产力系统的技术性要素，正在不断地被应用于生产过程、渗透在生产力诸基本要素之中而转化为实际生产力。所以，我们要了解近代以后科学技术对人类社会发展的深远影响，就应该对16世纪近代自然科学体系建立以后，科学技术发展的状况以及产业革命有清晰的认识。

第一节　近代境遇中的科学技术

大约自公元10世纪开始，欧洲的学术界出现了第一次复兴。在这期间，古希腊和阿拉伯的自然哲学著作不断被译成拉丁文，人们通过阅读这些古典文献，开始重新认识古希腊璀璨的文化。由于中世纪拉丁语社会的形成和发展，教会与国家的分离成为可能，所以中世纪大学作为一个独立的团体被教会和国家所认同。中世纪大学形成后，就有了专门讲授科学、自然哲学、逻辑学等学科的专门机构，古希腊很多译著开始担任讲授人。在这个过程中科学和自然哲学就被制度化，成为以后500年里中世纪大学学生学习的核心科目，比如，亚里士多德的著作就是巴黎大学课程的基础。在当时西欧的大学里，逐渐形成了神学家—自然哲学团体，他们普遍相信自然哲学对于正确阐明神学是很重要的。当时的神学家和教会支持中世纪大学开设科学、逻辑和自然哲学的课程，从此西欧开始长期对科学问题和科学思想进行了持续不断的研究。正是上述这些情况营造出了一种有利于科学研究的氛围，这样就为近代科学的诞生提供了必不可少的前提条件。

到了欧洲中世纪末期，正统的神学观念遭到怀疑。唯名论与唯实论之间的争论加速了基督教神学的衰落。威廉·奥卡姆认为，唯实论者从一般抽象观念（如神）导出个别具体物的存在，使简单问题复杂化。他主张，针对同一理论或者同一命题的论证，会存在多种解释和证明，步骤最少最为简洁的证明是最有效的。这使得理性的上帝这个抽象实体成为不必要的假设，而要求人们转而重视直接感官的对象。奥卡姆的工作标志着经院哲学独霸中世纪的结束，迎来了近代科学诞生的曙光。科学仪器在17世纪也有了很大的改进，发明和使用了至少6种科学仪器：显微镜、望远镜、气压计、抽气机、摆钟和温度计，从而完善了科学研究者的科学观察，使研究结论更加准确可靠。科学仪器的不断改进为近代以后的科学的发展打下了基础，为人类认识自然提供了有力的手段。16—17世纪，近代科学技术发展起来，人类社会由农业社会进入工业社会，即迎来了美国学者托夫勒所讲的第二次浪潮。

一、近代科学的诞生：知识就是力量

要了解近代科学的产生和发展，我们就需要知道它诞生的历史背景。关于这个问题，恩格斯在《自然辩证法》中有过这样精辟的论述：这个时代，我们德国人由于当时我们所遭遇的不幸而称之为宗教，法国人称之为文艺复兴，而意大利人则称之为五百年（即16世纪），但这些名称没有一个能把这个时代充分地表达出来。这是从15世纪下半叶开始的时代。拜占庭灭亡时抢救出来的手抄本，罗马废墟中挖掘出来的古代雕像，在西方面前展示了一个新世界——希腊的古代；在它的光辉的形象前面，中世纪的幽灵消逝了；意大利出现了前所未见的艺术繁荣，这种艺术繁荣好像是古典古代的反照，以后就再也不曾达到了。旧的世界的界限被打破了；只是在这个时候才真正发现了地球，奠定了以后的世界贸易以及从手工业过渡到工场手工业的基础，而工场手工业又是现代大工业的出发点。因此，要了解近代科学的产生和发展，首先我们就需要回到文艺复兴时期，看看人性的解放、神性的衰落对科学产生的影响。

意大利的文艺复兴运动，不仅是一场古典文化的复兴运动，而且也是一场高扬人文精神的启蒙运动，它用人权反对神权，用人性反对神性，解放了人们的思想。文艺复兴复活了那些反对中世纪观点的古代思想，激起了人们研究自然现象的兴趣。在中世纪的时候，由于重视天启，把自然知识看成是从属于天启的，所以对自然现象没有什么兴趣。因此就一定意义而言，近代早期的科学是借助古代学术而复活的，例如，古代流传下来的天文学、生物学、数学、阿基米德的力学，等等。作为近代科学的基本特征之一的实验，到文艺复兴时期开始被大家所接受。

发端于德国的新教改革运动，冲击了教会对中世纪欧洲心灵的禁锢，破除了神对人的统治。在这种背景下，人与自然的关系开始发生根本性转变，以往加载于各种自然物身上的神秘性、宗教性的观念意义已经被科学技术消除，事物的自身构成已经不是神秘的、不可触及的领域，而是可以被科学认知和技术塑造的。至此，在人类文明化的进程中，近代科学知识就成为力量的化身，形成了有别于古代和中世纪的新的知识传统、新的科学精神。近代的科学精神强调，科学研究的目的不再是要理解自然秩序，科学也不再是以追求智慧为目标，科学成了控制自然的力量。在17世纪末期，这一新的知识传统的建立是得益于人类自然观念的转变以及方法论的更新。在自然观方面，借助牛顿经典力学体系近代机械自然观形成，世界机器的观念替代了古代有机的、有生命的、精神性的自然观念。在方法论上，通过伽利略、弗朗西斯·培根以及笛卡儿的工作，实验—数学方法建立起来。

从16—18世纪上半叶，近代自然科学发展的主要工作是搜集、积累材料。除了经典力学发展成熟外，其他学科的发展相对比较缓慢。由于天文学研究的实际需要，光学得到一定发展。除此之外，对于声、热、电、磁物理学只是进行了初步研究。才从炼金术中脱胎出来的化学，信奉的是燃素说，氧化学说还没有真正确立，道尔顿的化学原子论在1803才提出。地质学和矿物学还没有真正地分开。处于搜集、整理材料阶段的生物学，对植物和动物仅仅进行了粗浅的分类。人们除了对自然界最简单的运动形式——机械运动有了比较系统的认识外，对其他的运动形式还不能给予科学的说明。经典力学在自然科学中占据中心地位。牛顿力学解释机械运动获得了巨大成功，使人们用力学的观点去说明一切自然现象，把一切运动形式都归结为机械运动。正是由于经典力学认为不论物体的质量和速度有多大，力学定律都是适用的，机械论就认为经典力学是全部科学的基础，各种运动变化都可以用机械力学来说明，导致形成自然观上的机械性：单一的运动形式，机械的运动图景，自然界的一切包括人都是机器。唯理论的创始人笛卡儿认为，自然图景是一种受精确的数学法则支配的完善的机器。18世纪法国唯物主义的代表拉美特利则进一步说明，不仅动物是机器，而且人也是机器。人和动物的差异，仅仅在于人比动物多几个齿轮，再多几条弹簧，它们之间只是位置的不同和力量程度的不同，而绝没有性质上的不同。

在研究方法上，近代自然科学对于实验的强调是它同中世纪知识传统的一个重要区别。其主要的代表人物是英国著名的哲学家弗朗西斯·培根，他反对传统经院哲学只重视对古籍内容进行逻辑的修补，却不注重事物本身。在1605年发表的《学术的进展》中，弗朗西斯·培根高度评价了技术发明，认为中国古代的四大发明改变了世界的面貌。他讲过，在所能给予人类的一切利益中，最伟大的莫过于发现新的技术、新的才能和以改善人类生活为目的的物品。并在此基础上，进一步提出了"知识就是力量"这句家喻户晓的名言。在《新工具》中，提出了科学的经验方法论，发明了归纳法。而在研究方法上，笛卡儿虽然赞同培根关于知识源于经验的观点，但他反对归纳法，坚持数学演绎方法论。

总体来看，分析还原方法在这个时期自然科学的研究上占了主导地位。这种方法主要是把整体分解为各个部分，把复杂事物还原为简单要素，通过简化、还原的手段暂时割断其间的联系，排除无关因素和次要因素，让主要因素单独发挥作用，这样有利于找出事物的本质、规律和因果联系。分析还原方法，对于当时自然科学从自然哲学中分化出来，分门别类去研究自然界,从对自然界的笼统把握到精确认识是十分必要的。至此,17世纪下半叶牛顿力学的物理体系的建立及1803年道尔顿提出的化学原子论宣告,人类科学史上的第一次科学革命基本完成。在这一时期,人类自然观念发生了重要的转变,古代朴素的自然图景被取代,科学知识成为我们掌握自然、征服自然的力量。在这个基础上,从18世纪后期开始了近代第一次技术革命,从理论渊源来看,这次技术革命是以牛顿经典力学理论的应用为基本特征。与这次技术革命相伴随的则是近代第一次产业革命,从而使人类从农业、手工业时代开始进入机器大工业时代。近代第一次技术革命和产业革命使人类的物质生产方法发生了质的飞跃,从以手工劳动为主的农业生产一跃而为以机器为主要劳动工具的工业生产,同时也带来了18世纪后期到19世纪发生在欧洲各国的一场社会变革,它以科学革命为先导,以技术革命为条件,引起了社会、经济的深刻变化。

二、18世纪工业革命:科学与技术结合的开端

18世纪60年代发生的第一次工业革命,是以牛顿力学

为科学前提，以工作机和蒸汽机的发明和使用为重要标志的第一次技术革命。人类社会从手工劳动时代进入了机械化时代，从畜力时代进入了蒸汽时代，在此基础上发展了纺织、冶金、煤炭、机械制造和运输等资本密集的新兴产业，形成了第一产业（农业）和第二产业（工业）的产业结构，把以农业为主体的社会推进到以工业为主体的农业—工业社会。

资本主义经济的发展又促进了自然科学的进步，使近代自然科学经过将近四个世纪的搜集材料阶段，开始进入到系统地整理材料和上升到理论概括的阶段。事实上，这时自然科学主要是搜集材料的科学，关于既成事物的科学。前人在技术、科学等领域的成就都被这一时期的学者恰当地吸收和继承。在数学方面，英国数学家和欧洲大陆数学家分别继承和发展了由牛顿和莱布尼茨各自发明的微积分。在天文学方面，有了关于太阳系起源的康德—拉普拉斯星云假说。康德1755年提出的关于太阳系起源的星云假说，把太阳系理解为一个运动、变化、发展的过程。可惜康德的看法没有引起人们的注意。在康德之后，拉普拉斯用完善的数学描述解释了太阳系的稳定性问题，并重新提出星云假说。这一时期，对地球的演化主要集中于地质学的研究中。地质学家对地球的形成有水成派和火成派之争，对地貌变化有渐变论和灾变论之争。英国地质学家赖尔提出地球渐变说，他认为地球有其时间上的发展变化历史，地球表面的变迁是各种自然力的缓慢作用引起的，并不是超自然的力量如上帝的惩罚而突然造成的巨大灾难引起的。赖尔的地质观的提出导致了物种可变的思想，因为既然地壳是逐渐生成的、不断变化的，那么在它上面生活的一切生物也必然是进化发展的。赖尔的地质观铺平了达尔文进化论的道路。达尔文承认，赖尔的《地质学原理》引导他得出物种进化的结论。17世纪，由于显微镜的发明和应用，人们对生物的认识逐渐深入到微观结构领域。

　　18世纪下半叶到19世纪，由于蒸汽机的应用，欧洲经历了技术革命和产业革命，实现了由工场手工业到机器大工业的转变，生产力和生产关系均发生了巨大的变革。产业革命的关键，是在生产领域中使用机器来代替人力。这一时期一大批新的技术发明出现，如在英国纺织行业中，生产工具的不断革新。这些新的工具被运用到实际的生产劳动过程后，劳动生产率大大提高，整个社会的工业发展突飞猛进。

英国的产业革命是从新兴的棉纺织业开始的,首先改进织布,后改进纺纱。1733年,约翰·凯发明的飞梭,改进了织布技术,织布的效率和质量有了大幅度提高。织布的速度变快,但纺纱的速度相比之下就显得慢了。生产的需求直接推动技术的发明,1738年约翰·惠特和路易斯·保罗共同发明了滚轮式纺织机,1765年哈格利夫斯发明了立式多滚轮纺纱机——珍妮纺织机问世。这时纺织的速度大大地提高了,到1785年动力纺织机就出现了。正是在这些技术发明的推动之下,英国的纺织行业才能在后来的发展中成为世界的第一大轻工业。

从14到17世纪在能源方面,人类经历了从使用木材到使用煤的过程。煤炭的大量需求推动了采矿业的发展。在矿山的开发利用过程中,随着矿井越开越深,传统的利用人力和畜力排水的提水机械跟不上了生产速度。动力机械的发明和使用已经迫在眉睫。而在亚历山大里亚时期,发明家、物理学家和数学家希罗就曾经利用蒸汽的反撞力制造了最早的蒸汽机。在这一思路的启发下,1712年纽可门就制造出第一台应用型常压蒸汽机。1755年,瓦特在改进纽可门蒸汽机的基础上，成功研制出第一台蒸汽机样机。在技术发展史上，瓦特的蒸汽机具有重要的现实意义，因为它是孕育了一系列各种各样的机器分支的开创性发明。大约到了18世纪80年代，蒸汽机技术日趋成熟，蒸汽机开始得到广泛应用，机械制造业由此出现。正是因为解决了动力问题，到了19世纪40年代机器工业在各主要部门代替了以手工业技术为基础的工场手工业，从而形成了工厂制度。工业革命不仅使生产力迅猛发展，而且也使生产关系发生了重大变化。例如，1824年发明了自动细纱走锭精纺机，减少了对技术娴熟、报酬很高的纺纱工人的需求。因为使用自动精纺机进行生产活动，不用纺织工人的帮助就能纺棉纱，工人的工作就是修整断纱、上润滑油、保养机器。这次以工具机的发明及使用为起点的，经过能源动力的革新而出现的第一次产业革命，是现代技术的历史起点。在工业革命的带动下，整个资本主义社会迅速发展起来。通过对近代科学革命、技术革命和第一次工业革命的研究，我们发现这次产业革命不是在科学与技术共同促进下产生的，但是自此之后科学—技术却形成了一个相互影响、相互促进的循环机制。科学不再像古代社会所理解的那样，仅是理性和智慧的化身，而越来越面向社会，和技术共同成为推动社会前行的力量。

三、第二次科技革命：科学成为生产力要素

自第一次工业革命之后，技术和生产的飞速发展，在它们的共同推动下，18世纪下半叶近代科学进入全面发展的阶段，生物学和物理学的理论分别出现了两次大综合，特别是由于电磁理论的建立和发展，直接导致了以电机的发明为重要标志的又一次技术革命，并由其应用导致产业结构的又一次重大变化。结果是以电力工业为开端，发展起了电力、化学、汽车、飞机、拖拉机等技术密集的新兴产业，使生产过程从机械化进入电气化，把农业—工业社会推进到工业化社会。

19世纪生物学上出现了两次大的理论综合：细胞学说和生物进化论的建立。1838年，施来登提出细胞是一切植物结构的、基本的、活的单位，次年施旺把施来登的学说扩大到动物界，认为细胞是动植物有机体构造发育的基础，一切有机体都是由细胞按一定法则构成的集合物。这样就在细胞层

面上为生物界的统一提供了自然科学基础。而对不同物种之间关系的研究表明,生物界按同一规律进行演化。1809年,法国博物学家拉马克在《动物学哲学》中,首先提出"生物是从低级到高级逐步进化的",并提出了"获得性遗传"和"用进废退"的法则来解释生物的进化。之后,英国的生物学家达尔文在环球考察和研究家养动植物的过程中获得了大量的第一手材料基础上,他通过对古生物学、胚胎学和地质学等方面相关资料的研究,在1859年发表《物种起源》一书。在这本书中,达尔文提出了生物进化论,而自然选择理论是这一学说的核心。变异和异常、生存竞争和选择等概念构成了自然选择理论的基本内容。变异是选择的原材料;在生存竞争上,有利的变异被保存下来,有害的变异被淘汰;有利的变异在物种内经过长期的积累,最后形成新物种。生物就这样通过自然选择缓慢进化。达尔文的进化论学说,经过赫胥黎、海克尔、斯宾塞等人的努力,进化的观念超出科学之外,逐渐家喻户晓,成为一种有广泛影响的社会思潮。科恩认为,进化论摧毁了以人为中心的宇宙观,而且在人的思想中引起了一场自文艺复兴时期科学以来,比任何其他科学进步更伟大的变化。

19世纪热力学的发展，开始把时间问题引入物理学，人们开始考虑演化问题，克劳修斯通过对热机的研究发现，对于一个封闭的系统，其熵是趋于增加的，即无序性加大。这样，热力学第二定律就突出了物理世界的演化性、方向性和不可逆性，给出了与牛顿宇宙机械图景完全不同的世界图景。

19世纪，自然科学经过长期的知识积累，开始呈现理论化和综合化的趋势。尤其是物理学上出现了两次大的理论综合，即能量守恒与转化定律和电磁转化定律的建立。能量守恒与转化定律的发现，是生产实践的产物。蒸汽机在19世纪被大量使用，为提高热机工作效率，要求对热机的工作原理进行理论说明。法国工程师卡诺构造了一台"理想热机"，阐述了热能与机械能之间的变换关系，认为热机之所以做功是因为热是由高温热源流向低温热源，而且理想热机的热效率与高低温热源之差成正比。卡诺还认为热能向机械能转化是守恒的。1840年，德国医生迈尔在《关于无机界能量的说明》一文中，提出能量守恒与转化原理，并求出热功相互转化的当量关系。与此同时，英国物理学家焦耳通过大量严格的实验，精确地测定了热功当量，提出了热与功之间的关系式。到德国物理学家赫尔姆霍茨的《论力的守恒》发表之后，建立在焦耳实验基础上的能量守恒原理得到公众的认同。赫尔姆霍茨系统严格地阐述了能量守恒原理。他认为，自然界中一切物质都有能量，能量有机械的、热的、电磁的、光的、化学的、生物的等各种不同的形式，其中每一种形式都可以在一定条件下，以直接或间接的方式转化为其他各种形式，在转化过程中，能量的总和保持不变。

电磁转化理论的诞生，源于科学家们对电和磁现象的实验研究。1786年意大利的生理学家伽伐尼在做青蛙解剖实验时，偶然发现了电流。1800年伏打制成第一个化学电池，通过化学反应产生电流。尔后人们又发现电流可以产生热、光及电解现象。1820年丹麦物理学家奥斯特发现电流的磁效应。1831年英国物理学家法拉第发现电磁感应现象，即变化的磁场产生电场。1865年在《电磁场的动力学理论》一文中，英国物理学家麦克斯韦对前人和自己的工作进行概括，提出了被称为麦克斯韦方程的电磁场方程，而且给出电磁波概念。认为变化着的磁场和变化着的电场共同形成统一的电磁场，电磁场以横波的形式在空间传播，形成了电磁波。麦克斯韦后来进一步认为，光也是一种电磁波。这样，电磁转化理论的建立，揭示了电、磁、光的统一性，实现了人类对自然界认识的又一次伟大综合。这一理论提出一种新的实在：磁力线和场。磁力线和场是不同于实体实在的另一种存在，这种存在测不出它的静止的质量，它只有能量特征，而无质量特征。电磁场理论打破了实体实在论的世界是静止的、不可再分的观念。

19世纪上半叶法拉第、麦克斯韦创立的电磁场理论，宣告了第二次科学革命的到来。这次革命以20世纪初爱因斯坦的相对论提出为标志，爱因斯坦强调了我们面临两种实在：实体和场。场相对于实体更基本，场是唯一的实在。爱因斯坦提出质能守恒转化定律$E=MC^2$，认为物质和能量可以相互转化。这是近代科学的第二次深刻的变革，是深入到化学、物理学与生物学三大领域中科学观念的变革。这次科学革命和工业革命有着密切的联系。工业革命不仅推动了英国、欧洲经济的发展，而且也推动了科学的持续发展。

与这次科学革命紧跟其后的是近代第二次技术革命——电气革命。19世纪后半叶到20世纪初的电气革命，形成电力、电机、内燃机、炼钢化工、电信革命技术群，主要走的是从科学原理到新技术发明应用的道路。奥斯特、法拉第的电学研究成功后，科学、技术家积极投入电机研制工作。1821年，法拉第成功地研制出世界上第一台化学电源驱动的直流电机。到了1854年赫·维尔纳获得自激式电机专利，1860年意大利电学家巴奇诺发明了直流电动机，到1900年前后，直流电机的改进和完善基本完成。直流发电机的改进工作大约是在19世纪60年代完成，1856年西门子发明交流发电机。1878年亚布洛契可夫完成交流供电技术，1882年爱迪生建成直流发电厂，供应电灯照明。1889年多里沃—多布罗沃尔斯基发明三相异步电动机，交流电机取得优势。1875年法国建成住户式电站，1885年英国建成单相交流电站，1891年多里沃—多布罗沃尔斯基建成三相水力电站。1882年德普勒的远距高压直流输电成功，1895年威斯汀豪斯的交流输电系统成功，电气革命在全世界开展。

与此同时，内燃机技术革命也取得成功，1860年里诺制成二冲程电点火式煤气，1862年罗沙斯提出四冲程原理，1876年奥托研制成四冲程活塞式内燃机，1883年戴姆勒制成汽油内燃机，1892年狄塞尔制成柴油机。1885年本茨制造出汽车，1891年戴姆勒制造出载重汽车，从此汽车驰骋世界。炼钢革命开始于40年代凯利的炼钢炉的出现，但当时技术保密。1857年贝塞麦发明转炉炼钢法，与凯利方法的原理相同，1862年克庞伯建成转炉钢厂，1856年西门子发明平炉炼钢法。1880—1902年西门子、斯特诺沙、希洛等人创造电炉炼钢法。

在化工革命中，创造出制硫酸的硝化法、接触法，制碱的索尔维法。1856年帕金合成苯胺紫，1858年霍夫曼合成苯胺蓝，1863年凯库勒发现苯环结构后，技术家相继合成茜素、靛蓝、水杨酸、香料、糖精、炸药。诺贝尔在研制安全炸药中作出重大贡献。电讯技术也有重大突破，斯泰因海尔、威茨通、美尔斯发明电报和电码。1876年贝尔、毕生制成实用电话机，1878年休斯发明麦克风，1896年和1897年，波波夫和马可尼分别研制出无线电报机，这些都为20世纪的信息革命提供了早期技术基点。

这些成果把人类从蒸汽时代推进到电气时代，这次技术革命不仅使生产力有了大幅提高，而且也为20世纪科技革命打下雄厚的技术基础。在这次科学革命和技术革命的发展历程中，科学对技术的推动作用更加明显。如果说，在蒸汽动力技术革命中，科学还只是部分地影响技术的发明、发现和改进，那么，在电力技术革命中，科学则自始至终都是关键的因素。没有法拉第发现的电磁感应定律，电就不会出现；没有奥斯特发现的电流的磁效应现象，就不会有电动机的出现；没有麦克斯韦的电磁场理论，无线电通讯技术以及电力工业体系就无从谈起。因此，科学革命成了技术革命，从而也成了生产力革命的火车头，科学在生产力诸因素中，逐渐取得举足轻重的地位。

第二节　现代境遇中的科学技术

19世纪末20世纪初物理学革命的结果是，建立了以相对论和量子力学为支柱的现代物理学理论体系。之后，以物理学革命为先导，涌现出了现代宇宙学、粒子物理学、分子生物学、控制论、系统论、信息论、耗散结构理论、协同论、超循环理论、混沌理论等一系列在自然观、科学观和方法论上具有根本性变革的新学科、新理论。所以说，第三次科学革命起始于20世纪初，突出于20世纪中叶。这次科技革命是近代以来科技革命的历史延续，又显示出前所未有的进展与崭新的性质。现代科技与经济、社会、文化、生活日益一体化，越来越有力地参与和改造着社会生活的各个领域。现代科学技术的兴起不仅导致人类社会新的产业革命，也引起了人类生活方式和文化模式的变化，给人类社会的未来发展提出新的挑战：如环境污染、生态失衡等，这迫使人们去考察人与自然协调发展的问题。

与这次科学革命相伴随的是发生在20世纪40年代至60年代的第三次技术革命。这次技术革命以一战前后时期相继建立的相对论、量子力学、原子物理学、基本粒子物理学、电子学等一系列新学科为理论基础，以原有的机械技术、电气技术、电子技术、通信技术、化工技术、材料和能源技术取得的进步为条件，再加上二战后经济恢复的需要及"冷战"的刺激而发生的。它首发于美国，以后逐步向苏联、日本、西欧和其他国家扩展，60年代达到高潮。电子计算机的广泛使用是这次科技革命的核心，革命的内容还涉及电子、宇航、合成材料、原子能等许多新兴的工业部门和领域。

在这次技术革命中电子计算机发展最快、影响最大，因而扮演着重要的角色，是这次科技革命的标志。计算机在20世纪的发明，不同于以往人类发明的轮子、杠杆、热机、机床以及电话、电视等，以往的这些发明和创造是对人的四肢和感官功能的延长，而计算机则是对人脑功能的延长，是人工智能的一大突破。它的发明和广泛使用，极大地增强了人类认识世界和改造世界的能力。

第三次技术革命中，以电子计算机的发明和广泛使用为核心，使生产的自动化、办公的自动化和家庭生活的自动化成为现实。这标志着人类社会将从机械化、电气化的时代进入到另一个更高级的自动化时代，在这个时代，生产自动化和机器人将替代越来越多的人类体力劳动，使人可以从体力劳动中完全或接近完全地解放出来。此外，智能电脑和各种"专家系统"、"知识工程"则将大大减轻人的脑力劳动，使人类的脑力劳动获得大大的解放。当然，最高明的电脑也不能完全替代人的大脑，但它毕竟可以分担人脑的相当大的一部分职能。

到了20世纪70年代，信息技术、生物技术、新材料技术、新能源技术、激光技术、新制造（加工）技术、空间技术、海洋技术等高技术群落在全世界范围内蓬勃兴起，被称为当代新科技革命。当代新科技革命是20世纪自然科学革命发展的产物，也是第三次技术革命的继续与发展。当代的新科技革命基本上属于技术革命，按照时间和历史的发展顺序应该是第四次技术革命。我们将这次技术革命的时间定位于20世纪70年代，主要是因为较前几次技术革命的机械化、电气化、自动化而言，这次技术革命是进一步的信息化。1971年大规模集成电路作芯片的微型计算机的出现，为计算机的广泛应用及普及奠定了基础，从而为实现信息化创造了条件。这次技术革命与历史上曾经发生过的几次技术革命相比，内容更为深刻、丰富，反响更为广泛、强烈。

正是由于20世纪50年代以后，现代科学技术的发展导致产业结构发生了更为深刻的根本性的变化，这就是当前人类面临"第三次浪潮"的冲击，即由工业社会进入信息社会。

现代科学技术带来产业结构的一个显著变化是，以农业为主，包括林业、渔业的第一产业和以制造业为主，包括采矿业、建筑业的第二产业在国民经济中所占的比重及就业人数相对下降，而通讯、运输、贸易、金融、教育、科研、咨询等第三产业不断上升，发展迅速。据统计，到70年代后期，美国、法国、英国、联邦德国、日本等国家的第三产业的产值和就业人数已经超过了第一、二产业的产值与就业人数的总和。尤其是随着信息技术的发展，信息产业急剧发展，呈现出以信息产业为主导的发展趋势。现代科学技术之所以能够促使产业结构发生大的变化，其根本原因就在于科学技术转化为现实的生产力，工农业生产被新技术所武装，大大提高了劳动生产率，使生产资料得到有效利用，原材料和能源得到节约，而且科学技术的进步，加速生产的专业化，使分工协作不断发展。除此之外，科学技术和教育事业在社会经济发展中的作用越来越大，国民经济增长速度的50%—80%来自科学技术的进步，这就需要培养更多的科技人才和熟练劳动力。此外，现代科学技术给产业结构带来的变化还有：从劳动密集型和资金密集型产业向技术密集型和知识密集型产业发展；传统工业在新的技术基础上不断得到改造；一系列新兴工业部门尤其是高新技术产业兴起，在国民经济中的地位日趋重要，等等。所以说，当代的科学技术就是第一生产力。

一、现代科学技术发展的现状

现代自然科学发展的起点，是19世纪末X射线、天然放射性和电子的发现。这些发现，打开了原子结构的大门，突破了原子基石论，提出了许多新的理论问题，拉开了物理学革命的帷幕。强烈冲击着原子作为宇宙基石的传统观念，揭开了人类对于原子内部世界研究的序幕，开辟了现代科学发展的道路。

现代物理学革命的基本内容是相对论和量子力学的建立。1905年，爱因斯坦以自然科学大革新家的精神，提出了根本不同于牛顿的空间、时间理论，创立了狭义相对论。10年以后，他又把相对性原理从惯性系推广到非惯性系，建立了广义相对论。相对论的产生，是自然科学领域中关于时空观、运动观和物质观的根本变革，对整个自然科学和哲学的发展都有着深远的影响。从此以后，人们就不仅深刻地认识了宏观物体运动现象，而且得以进一步去研究微观高速过程。1900年，德国物理学家普朗克提出能量子假说。1905年，爱因斯坦用量子概念解释了经典理论无能为力的光电效应，创立了光量子论，揭示了光的波粒二象性，使物理学界逐步认识到量子现象的客观存在。1923年，法国物理学家德布罗依提出物质波理论。1926年，奥地利物理学家薛定谔把德布罗依物质波思想加以发展，建立起波动力学。与薛定谔差不多同时，德国物理学家海森堡从另一方面开拓了原子结构理论的新局面，建立了矩阵力学。矩阵力学和波动力学在实质上是一致的，人们通称它们为量子力学。量子力学描述了微观客体的基本运动规律，使人们从根本上改变了只承认连续性和机械决定论的经典观念，论证了连续与间断统一的自然观，揭示了物质世界中统计决定论的因果观。除物理学革命外，20世纪以来，天文学、化学、生物学、地质学各领域也都取得了重大突破。

在基础科学一系列新突破的基础上，技术的发展取得了史无前例的大发展，开始了一次新的世界性技术革命。这次技术革命开始于20世纪40年代，至60年代到达高潮，以电子技术为主导技术，并形成了以电子技术为核心的技术体系，主要标志是原子能、电子计算机和空间技术的广泛应用。

原子能的发现和利用，是20世纪物理学革命的理论成果在工程技术中的应用。1939年，科学家们发现了重核裂变和链式反应，从实验上证明了原子能利用的实际可能性。1942年，美国建成了世界上第一座原子反应堆，原子能最初用于军事部门，50年代开始和平利用。原子能是人类过去所不知道的一种全新能源。它的发现和利用，是继蒸汽机、电力之后人类征服自然力的又一次伟大的动力革命。如果受控热核聚变技术能够突破，则人类将获取几乎永不枯竭的新能源。

人类的探空活动，大致经历了气球、火箭、人造卫星和航天飞机几个阶段。1957年，苏联成功地把第一颗人造卫星送上太空，标志着空间时代的到来。1969年，美国的"阿波罗"号飞船将两名宇航员送上了月球。空间技术的兴起，使几千年来人类遨游太空的幻想变成现实，开拓了人类认识自然的新途径，进而影响着人类对自然界的利用和改造。它不仅对人类征服地球外空间，而且对人类遥远未来的生存和发展，具有不可估量的意义。

20世纪最伟大的技术创造是电子计算机。它从1946年问世到今天，经历了电子管、晶体管、集成电路、大规模集成电路、超大规模集成电路等五次换代更新。现代电子计算机不仅具有计算精度高、速度快的特点，而且具有一些逻辑思维功能，并向高度模拟人脑思维活动的方向发展，是人类认识和开发自己大脑内部的一场革命。

第二次世界大战结束以来，科学技术发展速度之快，发展规模之大，发生作用范围之广，影响之深远，是历史上前所未有的。现代科学的发展明显地出现了这样的趋势：学科的分支越来越细，学科的门类越来越多。不同学科之间相互交叉的情况越来越复杂，涌现了大批所谓边缘学科，这些边缘学科往往成为最活跃的生长点。与此同时，不仅出现了许多综合性的学科，所综合的范围越来越大，即所谓科学整体化的趋向越来越明显，而且产生了一些横断学科，它们的应用范围几乎涵盖所有知识领域，即所谓科学的横向整体化。另外，大量的数学理论被广泛应用于不同的学科，科学的数学化趋势越来越显著。应当认为这是科学发展的必然趋势，是人类的知识领域更加宽阔、更加深入的表现，是对客观世界认识能力提高至前所未有的高度的反映。

现代科学技术的飞速发展，导致了一批高新技术的产生。新科技革命具体表现为以信息科学、生命科学和材料科学三大学科为前沿，其中，最富时代性、象征性、先导性和重要性的高新技术有信息技术、生物工程、新材料技术、空间技术和海洋工程。它们构成了新科学技术革命的主要内容。

信息技术主要指信息的获取、传递、处理等技术。它在新技术革命中处于核心和先导地位。信息技术以微电子技术为基础，包括微电子技术、计算机技术、通信技术和网络技术等。微电子技术是微小型电子元器件和电路的研制、生产以及实现电子系统功能的技术体系。目前，微电子技术已经渗透到诸如现代通信、计算机技术、医疗卫生、环境工程、能源、交通、自动化生产等各个方面。微电子技术的出现是当代电子技术的重大突破，引起了电子技术领域的革命。

计算机技术是现代信息处理技术的核心，可用于科学计算、数据处理、工业控制、情报检索、企业管理、商业管理、交通管理等领域。通信技术包括数字通信、光纤通信、卫星通信、移动通信等内容。数字通信可以高速完成复杂而大规模的信息传输任务；光纤通信可以传递电话、传真、彩色电视和计算机数据；卫星通信广泛用于国内、国际通信，包括军用通信、海事通信和电视、广播的中继等方面；移动通信适应了现代社会快节奏，人员流动性强的需要。网络技术是在计算机技术、通信技术基础上发展起来的，它是电脑、通信和媒体的大联合，互联网为世界各国网络群所联成的一种网络，该网络不为任何一个国家或公司所独有，而是全人类共享的信息资源，在人类社会中起着十分重要的作用。

生物工程是应用现代生物科学及某些工程原理，将生物本身的某些功能应用于其他技术领域，生产供人类利用的产品的技术体系。生物工程主要包括基因工程、细胞工程、酶工程、发酵工程等内容。

基因工程是一种在分子水平上直接改造遗传物质的新方法，其原理是：将所需的某种生物的基因，即目的基因，转移到需要改造的另一种生物的细胞里，使目的基因在那里复制和表达，从而达到改造生物或创造生物新种类的目的。

细胞工程是指通过细胞或原生命体融合技术，或染色体重组，或个别染色体添加、置换或拼接等技术，以获得能用于生产的新物种或新品种，以及通过细胞与组织培养进行生产的一切技术体系。包括细胞融合（细胞杂交）、细胞拆分、植物细胞和组织培养以及基因导入等。它突破了只有同种生物才能实现杂交的限制，为改良生物品种或创造新品种开创了广阔前景。

酶工程主要是利用生物酶或细胞、细胞器所具有的某些特异催化化学反应的功能，通过现代工艺手段和生物反应器生产生物产品的技术。包括酶类的开发生产、固定化酶和固定化细胞技术、酶分子的化学修饰技术、固定化酶反应器的研究和设计、酶的分离提纯技术等。

发酵工程也叫微生物工程，主要是利用微生物的某些特定功能，通过现代工程技术手段生产有用物质，或者直接把微生物应用于工业化生产的一种技术。发酵技术的应用可分为两个方面：一是直接利用菌体细胞；二是利用微生物代谢产物。

材料是人类生存和发展的物质基础，新材料主要包括新型金属材料、高分子合成材料、复合材料、新型无机非金属材料、光电子材料和纳米材料。重要的新型金属材料有铝、镁、钛合金以及稀有金属等。高分子材料可分为合成橡胶、塑料和化学纤维。由于高分子在化学组成和结构上的不同，因而具有多种性能，用途十分广泛，已在相当程度上取代了钢材、木材、棉花等天然材料。复合材料是有机高分子、无机非金属和金属材料复合而成的一种多相材料，它不仅能保持其原组分的部分特性，而且还具有原组分所不具有的性能。新型无机非金属材料有工业陶瓷、光导纤维和半导体材料。光电子信息材料包括光源和信息获取材料、信息传递材料、信息存储以及信息处理和运算材料等。纳米材料，"纳米"是长度单位，科学家发现，当物质的结构单元小到纳米量级的时候，其性质会发生重大变化，不仅可以大大改善材料性能，甚至会有新性能或效应，而利用这些纳米结构材料制成器件或制品会引起诸多工业、农业、医疗等方面的重大变革。

20世纪70年代以来，许多国家出现能源短缺问题，世界各国普遍加强对新能源的研究与开发，从多方面探寻发展新能源的途径，取得了令人振奋的成就。其中，以核能、太阳能、氢能、地热能的利用最引人注目。核能（原子能）是原子核结构发生变化时放出的能量。太阳能是一种巨大且对环境无污染的能源。氢能是不久的将来作为替代石化类二次能源中汽油、柴油的一种最有希望的能源。地热能是来自地球内部一种天然能源，地球本身是个大热库，蕴藏着巨大的热能。地热能的利用目前主要有两个方面：地热能发电和地热能采暖。此外，对生物能、风能、海洋能也在不断进行研究、开发和利用。

空间技术是探索、开发和利用太空以及地球以外天体的综合性工程，也是高度综合的现代科学技术。它主要包括人造卫星、宇宙飞船、空间站、航天飞机、载人航天等内容。人造卫星是指人工制造的被加速到超过8千米／秒后绕地球在空间轨道上运行的无人飞行器。人造卫星种类很多，总的可分为科学试验卫星和应用卫星两大类。宇宙飞船即载人飞船，它是能保障宇航员在外层空间生活和工作以执行航天任务并返回地面的航天器。它可以独立进行航天活动，也可以作为往返地面和航天站之间的"渡船"，还能与航天站或其他航天器对接后联合飞行。

空间站又称航天站、太空站或轨道站，是可供多名宇航员巡访，长期工作和居住，在固定轨道上运行的载人航天器。它可作为科学观察和实验的基地，并可用来给别的航天器加燃料或从上面发射卫星和导弹。航天飞机是可重复使用的、往返于太空与地面的载人飞行器。它综合了火箭、飞船和飞机三者的技术，是一种新型的航空航天飞行器。载人航天是航天技术发展的一个新阶段，是人类驾驶和乘坐载人航天器（载人飞船、空间站、航天飞机）在太空从事各种探测、试验、研究和生产的往返飞行活动。载人航天系统由载人航天器、运载器、航天器发射场和回收设施、航天测控网等组成。

海洋工程包括进行海洋调查和科学研究，海洋资源开发和海洋空间利用，涉及许多学科和技术领域，它主要表现在：海底石油和天然气开发技术、海洋生物资源的开发和利用、海水淡化技术、海洋能源发电技术等方面。为了开发海底石油和天然气，必须克服水体的障碍，具备与陆地不同的技术，即具备不同于陆地石油开发技术的海底石油和天然气技术，包括平台技术、钻井和完井技术、输送技术。

建立在现代海洋生物学基础上的现代海洋养殖业已成

为一大产业，其蕴涵的潜力完全使人相信海洋即将成为人工生产蛋白质的重要基地。现代海洋水产业的主要发展方向，首先是开发海洋"牧场"，积极发展"栽培渔业"，使各种人类需求的海洋动植物资源生产人工化，达到稳产高产。其次，利用先进的技术手段发现、开辟新的海洋渔业资源、改造和发展传统的捕捞业。

海水淡化是解决地球缺水供需矛盾的根本途径。海水淡化是新技术革命的内容之一。目前，较为成熟的海水淡化技术有：蒸馏法、电渗析法和冷冻法。海洋能源发电技术是指利用海洋中波浪、海流、潮汐、海水温差和盐差等蕴藏的丰富能量发电的技术。潮汐发电是利用海水涨落潮差的能量，通过水库控制海水的落差推动水轮机，进而带动发电机。

总之，新的科学技术从基础理论科学到应用技术科学都发生了一系列革命，规模大、波及面宽、速度快、影响广，触及到社会各个方面，推动着社会向前发展。而这次汹涌的大潮中，从20世纪60年代开始的科学技术发展已经表现为综合化趋势，一方面，科学与技术各学科不断分化，另一方面其相互关系也越来越密切，这就在专业化高度分化的同时呈现出综合化趋势。20世纪60年代科学技术是这样，70年代、80年代、90年代的科学技术更加如此。这种综合化趋势越发增强，并且导致现代科学技术网络体系的形成。科学技术的幼年期，各学科是分立的，界限清晰而且彼此的联系比较少，但到了这种"综合的时代"，科学技术各领域之间的界限则越来越模糊不清，而与综合化趋势相应的问题就是科学技术研究与开发的"计划化"问题。科学技术综合化与科学技术研究与开发的大规模化，就需要有组织、有计划地开展科学技术工作，对科学技术进行有目的、有效的控制和管理，从而更好地实现计划目标。由于在科学技术发展的综合化及其研究规模的大型化和计划化的驱使下，所谓"大科学"与"高技术"就诞生了。

20世纪70年代、80年代以来，科学技术在各方面取得了惊人的成果，其根本原因在于社会生产力的迅速发展，物质生产的发展对科学技术提出了越来越高的新要求，并且为科学技术研究与发展提供了坚实的物质基础，同时现代科学的进步，迅速转变为强大的技术力量，并形成直接的生产力，为社会生产的发展开辟了更为广阔的发展前景。如果说古代科学基本上与技术融合在一起，从整体上来说还是经验性的，近代早期科学大体上是实践经验的总结，并开始形成自己的理论体系并与技术大体平行发展，那么现代科学已经形成了十分庞大的理论体系，并且经常走在技术的前头，据统计，由于采用科学技术成果而实现生产力的增加，20世纪初为5%—20%，到70年代，80年代已达到60%—80%，有的产业部门则为100%。现代"科学—技术—生产"的周期越来越短，科学与技术，基础与应用，自然科学与社会科学，哲学与数学等相互联系、相互作用，科学技术化，技术科学化，科技社会化，社会科技化，科技与生产紧密结合成同一整体。从科学理论的提出到技术方法上的突破再到生产实践上的应用，往往形成一个系统，成为一个转化序列。

随着社会的发展，科学技术已向社会各个方面全面渗透，科学技术通过不同方式进入生产过程，其作用将越来越大，其步伐将越来越快，社会将更加科学技术化。与此同时，正是因为现代科学技术与生产的紧密联系，它本身的发展就需要有多方面支持，并与社会生产的状况息息相关。当代科学技术不再是以个体劳动形式为其研究特点，而往往是有组织的社会化集体劳动，政府的支持，基金资助，科学技术也更加社会化，科学技术研究与开发已成为一项重要的社会事业。

二、持续创新：科学与技术的耦合

现代科学技术的发展，有着鲜明的时代特点。在学科高度分化和高度综合的基础上，科学开始形成一个多层次的综合整体，出现了科学整体化的趋势；科学研究的规模和组织形式日益扩大，科学已经形成一个重要而又庞大的社会建制，出现了科学事业社会化的趋势；科学与技术更加密切地结合和技术科学的兴起，使科学通过技术越来越迅速地转变为直接的生产力，也使技术对科学的依赖性进一步增强，现代出现的主要新技术，基本上都是科学的自觉应用；科学研究方法彻底突破了以分析为主的传统，系统论、控制论、信息论所提供的整体性、综合性新方法，正获得广泛应用。

总体上看，当代科学技术已发展成为一个庞大的网络体系。新科学技术的不断出现，学科分化越来越细，许多学科有的相互渗透、相互影响、相互交叉，往往在各门学科相互联系的关节点上生长出更新的、更具有优势的交叉、边缘、横向、综合科学技术学科群。当代科学技术体系的形成标志着科学技术高度分化与高度综合的辩证统一，当代科学技术就是在这两种矛盾过程中不断进化发展。在整个过程中，科学与技术之间的关系出现了新的情况。尤其是当代工业技术的出现，经济发展是建立在不断创新基础上的，技术体系的加速发展带动了其他体系的转变，例如科学与技术关系的变化。

众所周知，科学和技术既有同一性，可以相互作用、相互转化，又有差异性，各自按照自身的规律向前发展。科学的基本任务是认识世界，有所发现，从而增加人类的知识财富。技术的基本任务是改造世界，有所发明，从而增加人类的物质财富，丰富人类的精神文化生活。因此，科学和技术的成果在形式上是不同的。科学成果一般表现为概念、定律、论文等形式，而技术成果则以工艺流程、设计图、操作方法等形式出现。科学产品一般不具商业性，而技术成果可以商品化。科学是认知层面上的，技术是实践层面上的。科学的目的是认识世界的本质，掌握事物发展的规律，人们使用技术是运用相关的科学原理对世界加以改造。技术有较强的目的性、社会性、多元性。技术都有一个具体的实际的目标，即要取得一个具体的成果，或解决一个实际的问题，而不是对普遍规律的科学阐述。以往技术发明的一大部分不是依据科学知识，而是根据直觉和实际经验取得的。技术中包含着科学，虽然技术的实用目的往往使人忘记技术中的科学依据。技术的需要往往成为科学研究的目的，而技术的发展为科学研究提供必要的技术手段。在古代，技术主要是一种实践技艺的集合体，缺乏自觉的理论依据，因而这种在人们对知识的归纳、论证尚未形成一种科学系统时，正是技术的发展使得科学的发展成为可能。但是到了近代以后，从近现代科学和技术的发展史来看，科学的新发现孕育和带动技术的创新，科学革命往往也是技术革命的基础、动力和先导，而技术的演化越来越迅速、越来越系统化、越来越受到有意识的控制，换句话说，科学的发展越来越起到引导技术发展方向的作用。科学与技术相互融合、相互影响，已成为现代科学技术发展的基本特点之一。显而易见，现代科学和技术的边界在今天已经日益模糊了。

与以往相比，近现代以来的重大技术进步都是以科学为主导的，是经验累积所不能达到的。20世纪出现的一些高新技术，如核技术、生物技术、空间技术、信息技术等，都是在科学发现、认识和理解的基础上取得的。反过来，技术进步也加速了科学的发展，新型材料、电子设备和仪表的问世提高了科研工作的速度和可靠性，计算机技术更已经居于科学活动进程的核心地位。具体而言，在第一次技术革命中，生产经验起到了先导的作用，科学原理是后来被引用进来只起到辅助的作用；第二次技术革命中，理论起到了先导作用，但科学和技术之间分工比较分明，许多技术问题的解决要求助于经验；在第三次技术革命中，技术是在理论基础上发展起来的，科学与技术的关系较为密切，但仅仅限于某些领域的联系，尚未全面展开；而在当代的这次技术革命中，科学和技术之间的关系与以往有了大大的不同，科学技术出现了一体化的趋势，主要表现为两个方面：一是科学技术化，主要是指科学加快了向技术的转化，科学研究越来越离不开技术的支持；二是技术科学化，主要是指20世纪50年代到70年代以来兴起的高新技术群落，都是建筑在现代科学理论发展的基础之上。此外，高新技术的研究、开发中，需要不断解决一些科学问题，只有这些问题得到解决，技术才能够继续向前推进。另外，在某些领域已经出现了科学技术一体化现象。20世纪70年代以来开始出现信息科学技术、生命科学技术、激光科学技术、原子能科学技术、材料科学技术、空间科学技术等"称谓"。而在最近的科学技术探索中，例如探索地外生命的"惠更斯"号探测器，于2005年1月14日登陆土卫六，这就不单是技术层面的，从根本上更多地可以说是科学探索层面上的，是科学与技术两个层面上的结合。因而从这些新的科学和技术的发展趋势看，我们把目前正在进行中的第四次技术革命也称为当代新科技革命。

今天的现代技术在参与现实世界构建中，对任何事物的构造都是从技术生产出发的，而其他的构造视野则逐渐被技术进步消除，技术成为技术科学。在这种单纯的技术构造视野中，以往的一切正经历着一种物质化、齐一化和功能化的变迁过程。在这个构造过程中，技术通过物质化、齐一化、功能化的方式正展现出这样的世界图景：任何存在者，包括人本身，都被看成是只具有单一技术功能和意义的、无个性的单纯材料和物质。现代技术，尤其是当代的工业技术的不断持续革新成为经济增长的基础之一。为此，海德格尔指出，现代技术内在隐藏着一种力量，它决定了人与存在着的东西之间的关系。也就是说科学技术不仅仅是作为人与自然之间形成认识的中介和手段，而且其本身已经深切地参与到自然、现实和世界的构建之中。

总的来看，在现代社会中，科学和技术的密切关系成为当代技术的本质特征之一。在一定程度上，技术甚至改变着科学发现自身的条件。现在，科学发现转化为技术革新的时间跟以前相比大大缩短，例如，电话应用是花了56年，无线电用了35年，电视是12年，晶体管是5年。这就说明在经济—科学—技术之间出现了新型关系，经济上的需要成为推动科技革新的重要力量。过去，一项发明需要等到技术、经济以及社会等很多条件成熟以后才能被实际应用。然后，随着技术发明的应用，革新才能随之而产生，但是今天却是革新的需要促进发明。法国哲学家贝尔纳·斯蒂格勒指出，在经济需求的作用下从科学发现到技术发明再到技术革新的转化时间的不断缩短，就促使科学发现和技术发明日趋耦合。

第四章 生产力要素形态的科学技术

在人类的历史上，生产力的基本要素包括劳动者、劳动资料和劳动对象。近代以后，科学技术才成为生产力的基本要素之一。关于这点，马克思在《经济学手稿》和《资本论》中都明确指出，只有资本主义生产方式才第一次使自然科学为直接的生产过程服务。只有在这种生产方式下，才第一次产生了只有用科学方法才能解决的实际问题。才第一次达到使科学的应用成为可能和必要的那样一种规模。这就说明，机器生产是科学技术能够成为生产力的物质基础。其原因就在于，在机器大工业替代手工生产的过程中，生产力的构成要素在科学技术的影响下发生了巨大的变化。这种变化可以从生产的性质、生产的技术基础以及劳动者上得到说明。

一般来讲，手工生产是劳动者用自己的手操作工具进行的生产，它的基本特点是工具的使用完全取决于人手的运动。人的体能是工具运动的基本原动力，工具运动的动力是通过人手传到工具上的。生产所需的动力源自人类的抽象劳动，也就是人在体力和脑力上的消耗。而生产能力取决于手工业者操纵他们的小工具的那种发达的肌肉、敏锐的视力和灵巧的手，取决于个人的力量和个人的技巧才能。当机器代替手工进入生产过程时，生产的性质发生了根本性变化。人造器物延伸了人的肢体、放大了体能，从而用外部自然力代替人体的劳动力。这样就在生产劳动过程中，实现了人自身的劳动功能向外部自然力的转移。

另外，当机器生产代替了手工生产，生产的技术基础发生了改变。手工劳动时，技术往往作为个体的技能或技艺与劳动者本人相联系。而机器生产代替手工劳动后，技术不仅和劳动者本人联系起来，而且也同生产的物质手段结合在一起，使劳动者与自身的技能相分离。因为机器大工业出现以后，人手使用手工工具的技巧以及人手的操作功能就被机器所替代，这样劳动者的技术就经过自己的创造活动转移到机器上了，技术就成为生产的物质手段。

当物质生产活动处于手工生产阶段，人体是全部劳动功能承担者，产品的制造不需要劳动者懂得很多自然科学知识，如力学的、物理学的、化学的等方面的知识。所以，早期的技术更多体现为一种经验性的技艺。但是机器大生产对劳动者的知识水平要求提高，人们只有掌握了自然规律，按照自然规律制造和使用机器，才能进行正常的生产活动。生产活动对科学技术的依赖性加强，特别是近代工业革命后就更加显著。尽管19世纪以后，科学技术已经开始与生产力联系起来，但是从范围上看并不很大，紧密性也不很强，可是这个过程中科学技术的生产力属性却显现出来。所以，科学技术成为生产力的基本要素是人类社会发展的必然结果。

针对科学技术与生产力的关系，马克思恩格斯指出，生产力也包括科学。在20世纪80年代，邓小平又提出科学技术是第一生产力。那么，科学技术为什么能够成为生产力呢？对此的解答，就需要了解科学技术的存在方式，因为生产力形态的科学技术，或者说科学技术的生产力属性是其直接表达方式。

在人类的不同历史时期，科学是以不同方式存在的，有时是理论化、系统化的知识体系，有时又表现为一种存在于物质生产力中的智力因素。而从技术自身发展的历史逻辑看，有时被理解为实用的经验性技能，有时被认为是一种物质手段，有时被视为是应用科学的同一概念，或者被说成是技艺的知识化和条理化，是对技艺的科学探讨。就科学和技术之间的内在关系而言，尤其是今天，科学知识和技术知识已密不可分，技术是大科学的一个不能缺少的有机组成部分。技术与科学之间不断相互渗透，技术的目标要求是科学研究的重大任务，技术科学也不断向基础科学拓展，科学技术被作为一个整体应用。简单讲，科学技术作为一种非常复杂的社会现象，在现代社会中，具有两种基本的存在形式：知识体系和生产力形态，两种存在方式紧密相连、相互促进构成一个完整的科学技术存在形态。

在当今的生产力系统中，科学技术作为生产力的技术性要素，能够应用于生产过程、渗透在生产力诸基本要素之中而转化为实际的生产能力。它的作用主要表现在这样几个方面：一是科学技术应用于生产的组织管理，在现实生产活动中发挥着运筹、协调功能作用；二是以观念形态表现出物质生产力的运作规则或程序，是劳动者在生产劳动中实际操作中所使用的具体操作方式方法；三是科学技术一旦被劳动者所掌握，就具体化为劳动者的文化水平和思维方式。所以，科学技术上的发明革新能够引起劳动资料（劳动工具）和劳动对象的深刻变革和巨大进步。科学技术的进步不断推动着社会生产力的发展，社会生产力的发展终将引起生产关系的变革。科学技术在生产中的应用，集中体现在作为科学技术物化形式的劳动资料上，劳动资料不仅是人类劳动力发展的测量器，而且是劳动借以进行的社会关系的指示器。马克思指出，手推磨产生的是封建主的社会，蒸汽磨产生的是工业资本家的社会。人类社会发展史表明，正是科学技术发展所造成的劳动资料的重大变革，引起生产力的极大提高，导致人们在生产中结成的社会关系发生重大变革。金属工具代替石器，导致原始社会生产关系的消亡和奴隶制生产关系的兴起，推动原始社会向奴隶社会过渡。铁器的发明和使用，导致奴隶制生产关系的崩溃和封建制生产关系的建立，推动奴隶社会向封建社会过渡。机器的发明和普遍使用，促进了纺织工业、冶金工业、煤炭工业、交通运输、机器制造业的飞跃发展，促进了生产的社会化，导致大工业中的生产制度、劳动组织、生产方式彻底代替了手工作坊的生产方式，使资本主义生产方式取得了统治地位。

第一节　科学技术与生产力

一、现当代科学技术的新特点

当代科学技术新发展也就是新科技革命的特点，它们首先表现为科学与技术空前一体化。在历史上，科学与技术是相对独立地分别发展起来的，它们追求的目的不同，表现形式不同，因而形成了自己独特的文化传统。

自然科学是反映客观自然界的本质联系及其运动规律的知识体系。作为知识形态存在的自然科学，具有客观性、系统性、普遍性、精确性、预见性和探索性等特征。技术是实现社会和经济目标的一种手段，它是针对经济和社会的特定需要，用于控制社会各个生产要素以生产产品和提供社会服务的有关的知识、技能和手段。科学与技术有密切的联系，也有很大的不同。科学所追求的目的是达到一种对自然界的真理性的认识。科学的社会目标是发现客观规律，对客观世界的种种现象和过程做出描述、解释和预见。它只是回答"是什么"和"为什么"的问题，而技术所追求的目的是提供某种技能和手段以满足社会的某种特定需要。它回答的是"做什么"和"怎样做"的问题。

在19世纪中叶以前，科学和技术是在两条轨道上各自前行的。从历史的角度看，科学和技术的文化传统各具特色，都有着自己的独到之处。所以它们在互不相干状态下，各自发挥着自己的社会功能。从科学和技术的发展状况看，两者之间没有紧密关联，可以说是相互脱节的。传统技艺的不断改进与提高是技术能够得以进步的主要原动力，所以说，工业革命以前技术的革新更多是依靠实际经验的积累。而科学的发展也不能完全脱离开实践经验，它会对人们生产技术活动所积累的经验材料进行总结与概括，并使其上升为理论。基础科学刚出现时，科学和技术发明之间的联系常常是异常微弱的。但是从19世纪30年代起，科学慢慢地使技术发明革命化了。科学的发现给技术发明指出了方向并提供了理论依据。因而现代的技术发明越来越依靠科学，科学与技术的关系已密不可分。现代的技术完全是建立在科学理论的基础之上，而现代科学也装备了复杂的技术设施。科学技术化与技术科学化，是现代科学技术发展的鲜明特征。今天，基础自然科学研究的技术装备是非常复杂和庞大的。科学研究的进展越来越依赖于很多技术上的突破。同时，现代技术上的很多重要发明和技术进展都直接来源于科学研究的成果。

现代科学与技术的紧密结合还表现在一系列技术科学的蓬勃发展上。技术科学是以探索在社会实践活动中应用自然科学知识的途径为目标的，研究业已发现的自然科学规律在技术设施中如何发挥作用。今天，科学与技术的相互渗透产生了一系列的技术科学。基础自然科学是技术科学发展的基础，为技术进步不断开辟新方向。技术科学的发展已成为生产发展的直接动力和源泉。自然科学的基础研究将导致生产发展途径的多样化，技术科学通过探索在社会生产中应用自然科学研究成果的途径，为今后以生产为目的的研究与开发奠定基础。自然科学基础研究的成果变为技术，主要是通过技术科学实现的。当今，越来越多的自然科学基础领域与技术科学基础研究日益紧密融合。越是比较新的科学技术领域，这种融合就越明显。在高科技领域，自然科学的基础研究与技术科学已融为一体。

科学与技术的紧密结合，还表现在这样一个事实上：今天，从形成一种新的科学知识到把这种知识运用于生产工艺和产品里的时间飞速缩短。基本上是从几个月时间到几年，但用几年时间进行转化的越来越少。在一定意义上，科学逐渐变为技术，尤其是新兴技术的科学知识含量越来越高。高技术就是包含着高密集科学知识的技术。当代科学与技术之间的分界线日趋模糊不清，当代技术发明越来越依赖于科学的最新成果。

当代科学与技术的结合已经形成了科学技术的统一体系，这是一个包括人认识和利用自然物和自然力的统一过程。在这个统一体中，基础自然科学的意义和作用正在不断增长，它的成果不仅使我们对世界的认识发生革命性的变化，而且可以开辟技术进步的新方向，引发新的技术革命，它成了对生产起革命化影响的基本环节。科学的发展总是走在技术进步的前面，成为不断产生新技术的源泉。当代技术又保证了科学能够起到领先作用，新技术不断以新的研究手段装备科学，使人们有可能借助极为复杂的技术装备洞察自然界的最深奥秘和作出改变关于世界的旧观念的发现。现代科学与技术的密切结合具有重要的实践意义，它大大加快了科学发现的实际应用，使科学成果迅速转化为现实的生产力。科学技术空前的一体化，使得现代科学技术成为经济增长的动力和源泉，它是现代国家兴盛的基础。

其次，当代科学技术宣告了智能化、数字化时代的到来。新科技革命实质上是智能化革命。这是新科技革命区别于以往任何一次科学革命或技术革命的根本标志。新科技革命的核心是微电子技术的革命或者说是计算机革命。这场革命的实质主要不是减轻或替代人的体力，而是替代或延伸人脑的部分职能，是一场智能革命，是人脑的一次解放。人工智能的发展是新科技革命的最突出成就。现在我们通常讲的高技术，主要是指知识密集型的智能技术，而人工智能则是高技术的核心。从这个意义上说，新科技革命的最重要成果，是对人的潜力特别是对人的智能的开发。

新科技革命是在科学技术成为社会生产主要因素的基础

上发生的，它突出了智力和知识的重要性。据统计，在机械化初级阶段，体力劳动与智力劳动消耗的比例是体力劳动占九成；到中等机械化阶段，两者比例是体力劳动占六成；而完全自动化时，脑力劳动在两者的比例上从占一成发展为占九成。总体上看，随着科学技术的不断革新，产业知识化的比例逐年加增，管理知识化的程度也不断相应提高，出现了高学历化和智力劳动比例不断提高的趋势。智力和知识在经济增长中起着越来越显著的作用，它决定着一个企业、一个行业经济和技术发展的水平。从一定意义上说，智力和知识决定着一个国家的经济和技术水平。

　　智能化革命的根本标志是大量运用和普遍应用智能工具，使机器能够承担大部分体力和部分智力劳动。随着微电子、微机械、光电子、生物电子等制造技术的不断进步，智能工具可以在越来越大的程度模拟人类复杂的智力行为。智能化革命的核心在于使智能机器不仅具有人的逻辑思维能力，而且具有人的非逻辑思维能力。目前的电脑及其控制的机器，仅能模拟人的逻辑思维能力及某些简单的非逻辑思维能力，例如，语音识别，将来电脑发展的一个重要方向就是使电脑能够模拟人的非逻辑思维能力，研制所谓智能化的计算机。

与新科技革命的智能化特征紧密联系在一起的就是数字化，数字化是人类生存实践方式的革命，也有人称之为第五次技术革命。"数字化"是用0和1两个数字编码来表达和传输一切信息的一种综合性技术，是计算机和网络技术的基础。

另外，当代新科技的发展是科学与技术之间呈现出科学技术化、技术科学化的发展趋势。当代新科技革命内在变革的基本路径，就是科学的技术化与技术的科学化。在近代科学技术的发展进程中，科学的先导作用越来越明显，因而现代技术的发展越来越离不开科学的发现和指导，其发展必然呈现科学化的趋势。而与此同时，科学本身的发展越来越需要系统化、专业化的组织和技术手段来完成，没有这些技术、组织和制度的支撑，科学本身的发展将无法完成，这就使得科学本身的发展越来越技术化。对于这种发展趋势有些研究者作了初步总结：科学加快了向技术的转化，科学研究愈来愈离不开技术的支持，正是在这个意义上，我们说科学技术化了。20世纪50年代到70年代以来兴起的高新技术群落如信息技术、新能源技术、新材料技术、生物技术、激光技术、新制造加工技术、空间开发技术、海洋开发技术，都是建基于现代科学理论发展的基础之上。这些高新技术的知识含量或科学含量非常高。此外，高新技术的研究、开发中，不断会遇到"是什么"、"为什么"之类的科学问题，只有这些问题得到解决，技术才能成熟、技术才能发展、技术才能向生产力转化。正是从这两个意义上，我们说技术科学化了。在某些领域，科学和技术的界限越来越模糊，出现了信息科学技术、生命科学技术、原子能科学技术、材料科学技术、空间科学技术等"称谓"。在这些领域，出现了科学技术一体化现象。

新科学技术革命的另一个特点是，自然科学和社会科学相互影响、相互渗透的倾向日益增强，人类全部知识综合为统一科学的趋势日益明显。这一趋势不仅表现在自然科学的各个不同学科之间或社会科学的各个不同学科之间，而且突出地表现在自然科学和社会科学两大门类之间的相互影响、相互渗透上，科学结构方面的革命——自然科学与人文社会科学走向统一。

在这两大科学门类之间产生了许多新的科学生长点，正如一位法国哲学家说的，当代最富有创造性的思维方式正是出现在自然科学和社会科学的交叉点上。现在我们越来越清楚地看到，自然科学和社会科学相互影响、相互渗透是符合历史发展规律的一个趋势，是当前经济发展的客观要求。社会经济是由多种因素构成的整体，随着社会的发展，越来越要求把它作为一个整体来研究。现在的各门科学由于划分过细，缺乏横向联系，已无法综合解决现代社会经济的种种问题。

当代社会历史的客观进程、当代任何具有重要意义的科技问题、经济问题、生态环境问题，以及人类社会的可持续发展等一系列问题，都不同程度表现出高度综合性特征。对这些问题的解决不可能仅靠单一的某一学科就能够完成，而是需要采用多学科相互交叉的方法，运用多学科的相关知识，这就要求不同的学科之间形成一个具有创造性的知识综合体。为此，不同学科之间，如技术科学、自然科学和社会科学的相关部门就应进行宽泛的、行之有效的合作。当代技术、自然科学以及人文社会科学呈现出的相互结合的发展态势，表现出科学在解决我们所面对的高度综合性问题时，自身发展的新特质、新趋势。

自然科学和社会科学是人类知识的两大主干门类。虽然这两门不同学科之间存在着许多重大的原则区别，并且在自产生以来的漫长时期里，几乎处于严重的相互隔离、互不理解的割裂状态，但进入现代以后却呈现出日益强烈的相互交融、高度综合的一体化趋势。应该明确的是，自然科学与社会科学的一体化，并不是说两者可以直接等同和差别消失，更不是说各门自然与社会科学都向某一门具体科学看齐、靠拢乃至归并，而是指自然科学和社会科学的整体系统性的增强、互通整合性的递进和协调有序性的提高，在其实质上是一种丰富差异性的协同和复杂多样化的统一。

自然科学与社会科学的一体化，是物质运动规律、社会发展需要和科学研究能力合力作用的必然结果，它发生发展的最为深刻的根源、基础和本体论前提，就在于现实的多样化、世界的物质统一性。所谓自然科学、社会科学，其研究对象，一为自然界、一为人类社会，它们作为一种精神形态的知识体系，不过是对自然与社会客体的本质和规律的确切反映。自然与社会虽然在结构、功能、机制、层级、复杂程度上有着本质的差异，但这种差异非但不能成为它们相互割裂的原因，而正是它们能够相互补充和统一的条件。

从上世纪中叶尤其是60年代以来，由于社会需求的推动，专门知识的大量积累和学者兴趣的变迁，各门不同学科之间开始了大规模的相互跨越、交叉与融合，出现了大量的新兴交叉科学。学科交叉已处于科学发展的主导地位。其交叉的结果和标志是产生了大量的边缘学科、综合学科、横断学科及比较学科。众所周知，现代自然科学、社会科学已经形成了一个包括众多学科领域的庞大的多级分类体系，其中仅自然科学的元学科就达1251门，社会科学的元学科也有931门之多。所有这些不同的元学科之间都具有相互交叉的理论上的可能性和实践上的价值性，而目前实用的交叉学科数只占应有的交叉学科数量的很少一部分。由此也可以确信，自然科学与社会科学学科的相互交叉，将成为科学新知识的主要生长点和科学发展的主导模式，从本世纪末到下世纪初将是一个交叉科学时代。

当代新科技革命使科学技术成为第一生产力，从而对社会影响空前深刻而广泛。如果说，大机器生产使物质生产过程成为科学在生产中的应用，从而使科学技术成为生产力，那么，在现代生产力系统中，科学技术的身影是无处不在的，无论是在生产力系统的构成要素、整体结构里，还是在这一系统的外部环境之中都渗透着科学技术，科学技术日渐和生产力系统融为一体。现代社会生产力发展的不可缺少的动力和源泉是科学技术，其原因在于科技在其中起着至关重要的作用，它能确定生产力发展的方向、道路和水平等。正是在这种历史背景下，邓小平作出了科学技术不仅是生产力，而且科学技术是第一生产力的著名论述。当代科技革命极大地改变了人类的生产方式、生活方式、交往方式、思维方式。具体地表现为生产方式在机械化、电气化、自动化的基础上信息化；信息网络在全球的逐渐建成，大大缩短了人们之间的时空距离，同时，大大加快了各项活动的运行节奏；多媒体技术把人们带入缤纷多彩的世界。

科学技术是物质功能和文化功能的统一，这是科技革命发展的一个趋势，在新科技革命时代表现得更为突出。当代科学技术正潜移默化地演变为一种文化形态，冲击着人类积淀的传统。新技术革命思潮的文化蕴涵反映了新时代科技综合的新趋势。20世纪70年代以来的新科技革命时代已经发展成为一个大综合的时代，科学技术发展综合的趋势越来越明显。其中，包括自然科学和社会科学的大综合，社会科学各门类的大综合，以及文化危机与文化选择的大综合。新科技文化思潮力图避免从经济、政治、哲学、道德、宗教、价值等单方面来说明人的行为和社会现象，适应这种综合时代的要求，着眼于综合分析，在结合的基础上形成新观念和新方法。阿尔温·托夫勒在《第三次浪潮》一书中，主张寻找那些将震撼我们生活变化的细流，揭示它们之间的潜在联系，这不仅仅是因为涓涓细流本身固有的重要意义，而是因为这些变化的细流可以形成更浩大、更深邃、更湍急的大河山川，这些大河山川又会汇成气势雄伟的第三次浪潮。

新科学技术革命思潮作为文化现象也反映了文化综合的必然性，各个文化理论和研究方法可以相互借鉴和互补、交叉。全球科技文化理论涉及许多领域，如技术的前景、生态的控制、经济管理与人的参与、全球伦理学的创建、世界新秩序的确立、生活质量的评价、经济增长的后果、民族传统与全球意识的整合、反文化现象及未来的景观，等等，这些问题具有一定的模糊性，需要以文化科学为主导的多学科的方法加以阐释，从而找到解决当代复杂的社会问题的方案。而传统的、单维的方法在研究复杂的文化现象面前是乏力的，正如美国文化人类学家基辛所说，传统的社会理论若不能解决这种转变则只能算是没有特别意义的知识游戏。

当代科学技术的发展趋势就是数字化时代和纳米时代的到来。也有人称之为比特时代，数字化时代的到来是人类发展史上划时代的革命，它预示着一种新的文明形态的出现，这对于人类的意义丝毫不亚于火的发明。

数字化是人类生存实践方式的革命，也有人称之为第五次技术革命，它不同于农业社会、工业社会的经验，是一种人性化的科技形式与力量。这一时代有其自身独特的特征：首先表现为去身体化。我们利用电脑超越了现实世界，使自己的生活沉浸于虚拟世界之中，肉体对我们而言变得越来越不重要了。其次是去中心，即个体性。在网络空间个人好像变成真正独立自主的、个性化的个体存在的。另外，使我们获得多重身份。数字时代使人类可以面对无限的可能性，这就意味着人可以拥有多种不同的身份。数字化成为新时代构造、运行和发展的重要动力和根本特征。数字化生存也称为虚拟生存，成为数字化时代个体和社会生存方式、发展模式的典型概括和表达。在数字化时代，一些还没有成为现实性的可能性可以通过虚拟的方法成为虚拟现实。所谓的虚拟实在、虚拟世界指的就是虚拟现实，它以计算机软件硬件及传感器作为支持，对那些只有运用人类五官才能感应到的真实信息，通过人机对话而让其成为现实，使人有一种身临其境的感觉。换句话而言，虚拟技术可以使人类不用借助自身的感觉器官，而通过机器与人对话就能为人直接创造出一个很难与真实世界相区别的幻觉世界。在这个过程中，我们和信息间的关系被虚拟技术以一种全新的基本方式改变。举个例子讲，如果一款电子游戏能让一位游戏爱好者全身心投入，那么此时的他就有可能体验到现实生活里不存在的东西，比如，对于死而复生经验的无数次亲身经历等。

像所有的技术革命一样，数字化革命也分为若干浪潮。20世纪90年代爆发的第一次浪潮改变了人们通信和获取信息的手段。关于此,比尔·盖茨曾有过这样的经典论述:几乎是一夜之间,企业和个人借助个人电脑和互联网享受到即时交换电子邮件、数据乃至思想的便利。而第二次浪潮所产生的影响将更加深远。个人电脑以及不断发展的智能设备通过更迅速、更低价、更可靠的网络相互结合,将展现给我们诸如图书、电影以及商业计费系统等更多数字化的产品和服务。21世纪的头十年,已成为数字化的十年。

20世纪80年代末期,新兴的纳米科技是一个材料科学、物理学、化学、电子学和生物学高度交叉的综合性学科。它的基本涵义是指在纳米尺寸范围内认识自然和改造自然,通过直接操作和安排原子、分子制造新的物质。作为21世纪科技产业革命重要内容的纳米科技是一个融前沿科学和高技术于一身的完整体系,它不仅包含以观测、分析和研究为主线的基础学科,同时还有以纳米工程与加工学为主线的技术科学。所以有人预言,纳米科技是21世纪高新科技的核心和前沿,它将促使世界性的技术革命和新产业革命出现,这将冲击社会的政治、经济、国防、医疗等领域,这种影响将超过以往的科技革命。一个新的时代即将到来,即纳米科技时代。在社会的各个领域，纳米科技被广泛使用，它将引发一场比20世纪末达到鼎盛的微电子装置更加引人注目的大规模行业变革。在不久的将来，光子计算机、分子计算机、生物计算机、量子计算机会随着纳米科技的新发展而陆续出现。有人预计后PC时代正在到来。这是计算机技术发展的第三次浪潮的核心，它把计算机技术运用到各种日常器具之中，同时使得它具有联网功能和高度智能化，这一趋势将从根本上改变现在个人计算机为中心的地位，扭转计算机性能的总体格局。

二、科学技术的生产力功能

科学技术作为生产力，就应该具有生产力功能。科学技术的生产力功能，表现为生产力系统的构成要素，即劳动者、劳动对象、劳动资料在它的推动之下不断智能化、高级化。由于科学技术与生产力之间的关系是十分复杂的，为了更好地理解科技的生产力功能，我们就要研究一下科技的生产力属性。从科技和生产力的复杂关系看，研究科学技术的生产力属性就需要采用多层次、多视角的分析方法。

如果从科学技术的知识形态来看，它是属于一种间接的、潜在的精神生产力，能够给我们改造、控制自然提供理论基础。因为作为人们认识活动直接成果的科学技术，尤其是技术知识内秉着改造世界的功能和必然要求。正如马克思所言，社会生产力，不仅以知识的形式而且作为社会实践的直接器官，作为实际生活过程的直接器官被生产出来。今天伴随科学技术的发展，它在生产力系统中的作用越来越重要。它既是当代社会化大生产的必要环节和条件，也是社会物质生产的重要资源之一。间接的、潜在的生产力与直接的生产力间的关系包括两个方面的内容：一是间接的、潜在的生产力的状况直接制约着直接的、现实的生产力的发展程度及速度；二是间接的、潜在的生产力，需要通过转化才能成为直接生产力。因为在一个社会里，劳动者掌握的科学技术知识越多、越丰富、越先进，那么科研能力就越强，社会的现实生产力的发展就越快。

属于物质生产力的科学技术，是指被运用于物质生产手段中的科学技术，表现着科技的物质生产力属性。在实际的生产劳动过程中，当科学技术知识被应用于改变物质本身的自然属性、使用价值以及被使用方式时，它们就不再是以知识形态而存在，是被融进生产力基本要素之中，以生产力要素的形式而存在。正是借助科学技术的作用，人类改造自然的能力不断提高。为此马克思说，为了发掘和增加社会财富，就得把开源和节约结合起来。因此，就要探索整个自然界，以便发现新的有用属性……采用新的方式（人工的）加工自然物，以便赋予它们新的使用价值……要从一切方面去探索地球，以便发现新的有用物体和原有物体的新的使用属性。在这里马克思的意图是非常明确的，要想发现和赋予原有物体新的使用价值新的属性等，是不能依靠这些物体本身，也包括机器本身来完成，而是依靠劳动者的力量，依据相关的科学技术知识去创造出具有新的使用价值，新的自然和社会属性的新劳动资料和劳动对象。换句话来讲，如果没有科学技术的介入，这些新的使用价值、新的属性是难以形成的。今天，我们衡量一种劳动工具、劳动对象的先进程度以及价值的大小，往往是看它们的科技含量。

另外，从科学技术的本质来看，它是一种社会现象，是属于社会生产力而不是自然生产力。社会生产力同自然生产力的主要区分在于，它们有没有经过人类改造。科学技术，无论是以何种形式存在，都属于社会生产力而不属于自然生产力，因为它们都是人们劳动的结果。所以，无论是知识形态的科学技术，还是物质生产力中的科学技术，都是人类创造力的产物。科学技术的生产力功能与其生产力属性是内在一致的，主要表现为对生产力系统的实体性要素，即劳动力的结构、劳动工具以及劳动对象的变革上。

在劳动力的结构方面，借助科学技术的作用呈现出智能化和非体力化的发展趋势。自古以来，人类的生产活动就是在各种工具设备的介入下进行的，简单的手工工具延长了人类的肢体，而复杂的机器放大了人的体能。现如今，科学技术的发展提高了生产过程自动化的程度，劳动力结构的智能化和非体力化的发展趋势越来越明显。以生产自动化为例，由于电脑、数控机床等自动化装置被广泛应用于生产过程，工人的大量体力劳动和脑力劳动被机器所替代，直接从事生产操作的工人数量逐年减少。在这个过程中，对劳动力体力消耗强度的要求与第一次工业革命前比大大减少，但对劳动力的智力要求却大大提高。

科学技术的不断持续革新以及不断向劳动者身上渗透，提高了劳动者的素质和生产水平。劳动者是社会生产力中起主导作用的最积极、最活跃的因素，劳动者的素质如何在很大程度决定着生产力的水平。劳动者的素质包括劳动者的智力和体力两个方面。科学技术的发展，对劳动者的体力和智力提高都提供了强有力的手段。科学技术对劳动者体力的提高，在表现形式上是间接的，主要是通过他们的饮食营养、医疗保健、体育训练等途径来实现的。科学技术对劳动者智力的提高，在表现形式上是直接的，劳动者通过学习和受教育，掌握了先进的科学技术知识，就会极大提高其智力，从生产的角度看，可以说劳动者的智力就是发展和应用科学技术的能力。由于劳动者的劳动能力从根本意义上讲，主要取决于智力，而人的智力提高直接取决于科学技术的发展水平，因此，科学技术是提高劳动者素质的重要手段，也是发展生产力的重要因素。现代化的生产对劳动者的智力要求越来越高，尤其是随着知识产业的兴起及其在产业结构中所占比重的日益扩大。劳动能否有效地进行主要是有赖于劳动者对科学技术知识掌握的程度，脑力劳动的作用不断加强，这不仅使劳动的性质发生了改变,而且也使脑力劳动者在劳动者队伍构成中比重不断加大。这就导致发展和使用科学技术的人更加成为生产力诸要素中的决定要素,更加突出了科学技术的重要性。

在科学技术不断进步的推动下,劳动工具趋向多功能、高效能方向发展。人类解决社会同自然矛盾的实际能力如何,主要取决于生产工具的数量与质量;生产工具是区分社会经济时代的客观依据。马克思曾经说过,各种经济时代的区别,不在于生产什么,而在于怎样生产,用什么劳动资料生产。因为人类要进行生产活动,总是要借助于一定的生产工具。在本质上,劳动工具作为人类的创造物就是对人的体力与智力的延伸和放大。从人类社会生产历史看,生产工具的先进程度是生产力发展水平的标志,生产工具的变革,总是大大促进生产力的发展。机械化的设备没出现之前,人类是使用简单的手工工具依靠自身的体能进行生产,由于工具的效能差,功能比较单一,人类的体力又是有一定限度的,所以社会生产力也相对低下。而在生产过程中机器的出现不仅使人类的体力得到了解放,而且使生产工具的功能日趋丰富，效能不断扩大。对此，马克思说，任何一种机械的本来任务，始终只是改变由动力产生的初始运动，把它分成与一定的生产目的和传给工作机的运动相符合的另一种形式。劳动资料取得机器这种物质存在方式，必然就要求以自然力代替人力。机器大工业化后，在社会需求和科学技术革新的推动下形成的机器体系日益高级、日益复杂。正如我国著名的物理学家周光召院士所言，智能控制机的产生和应用使机器系统的所有构成因素都发生了革命性的变革，材料、工艺、原理、动力、控制都出现了飞跃，机器性能大幅度提高，品种大幅度增多，从而为生产力发展插上了有力的翅膀。

而生产工具的变革，是科学技术的物化，是人类应用科学知识的结果，是人们通过技术发明的途径来实现的。不同时代有不同的生产工具，这是由科学技术发展水平决定的。科学技术愈发展，先进的生产工具就会更多地被创造出来。如果说过去的手工工具还只是经验形态的科学技术知识的物化，那么在机器大生产的近现代生产方式产生以后，生产工具已经成了科学技术的自觉运用。可以说，现代生产工具的变革完全离不开现代科学技术的发展和应用，而建立在现代科学技术基础上的生产工具其功能和效率又是空前的,对生产力发展的推动是以前生产工具远远不可比拟的。正如马克思所讲的,这种机械装置所代替的不是某种特殊的工具,而是人的手;过去是活的工人的活动,现在成了机器的活动。

科学技术对生产力功能还表现在对劳动对象的改变上。劳动对象是人们为生产物质财富所加工的一切对象。在科学技术不发达的年代里,人们的劳动对象只能是一些简单的自然资源。随着科学技术的不断进步,人类的劳动对象的范围在不断扩大,劳动对象的性质从天然的自然物迈向了人工合成物。今天我们的社会所能利用的劳动对象无论从深度上,还是从广度上都是以前社会所不能比拟的。在人类历史上,劳动对象的范围从最初的几种天然物,如石料、木材、棉花等到今天的几百万种人工合成物,而且是不断扩大的态势,且深入到生活的各个领域。例如,到20世纪80年代,人类使用的合成染料占全部染料的99%,全部药品中76%以上是合成药品,橡胶行业中,合成橡胶占全部橡胶的70%以上。从20世纪60年代开始,世界各国就开始了新型复合材料的研究,并被广泛用于各个行业。尤其是大规模集成电路、电子计算机的基础材料以及超导材料等各种复合材料的涌现，劳动对象的人工化发展进入一个崭新阶段。正是科学技术的发展既使人类有可能发现和开发新的劳动对象，把越来越多的自然物和自然力变成可以改造和利用的资源；也可使人们创造自然界原来没有的新的物质材料，形成新的劳动对象，使进入生产过程的劳动对象越来越摆脱其天然存在的形态；还可使人们综合利用自然资源，变废为宝，化害为利，提高劳动对象的效率。由于科学技术的发展能使人类更充分、更合理、更有效地利用和保护自然资源，扩大劳动对象，也就能使劳动对象更好、更科学地发挥生产力要素的职能，从而促进生产力发展。

科学技术在生产管理上的作用也不容忽视。科学技术构成生产过程的组合因素，它的进步促进了生产实现科学化管理，提高劳动生产率。生产力的发展不仅取决于其各构成要素的进步，也取决于整个生产力系统的优化组合。一切生产系统都具有把投入变为产出的功能结构。生产所需要的劳动、资金、资源等投入，构成所谓生产要素。这些生产要素如何组合影响着在生产系统中进行的生产过程的效益、影响着产出的效益。而生产要素的组合方式受科学技术发展状况所制约。生产以什么样的科学技术为基础，决定生产采取什么样的配置和结合方式，决定生产系统和生产过程以什么样的方式形成和进行。科学技术起着一种把各种生产要素以某种比例和某种方式组织起来的整合作用，构成生产过程的一种整合因素。同时，要优化组合生产要素、生产系统、生产过程，以提高效益，就需要科学管理。随着现代科学技术的发展日益复杂化，更加促进了生产的社会化，庞大的社会化生产的管理日益成为提高劳动生产率的重要因素之一。对于现代化的企业来说，其生产规模宏大，因素复杂，离开了科学管理，就难以使生产过程中的各个部门、各个环节协调一致，发挥最佳效益。而科学管理与科学技术密切相关，现代化的科学管理就是根据科学的基本知识，按照技术设备的运行规律，适应工艺流程的严格要求，协调人、机、物、财整体系统的运动，取得最优化的效果。现代科学技术不仅为科学管理提供科学的理论和方法，如信息论、控制论、系统工程学等知识都是科学管理所必需的，还提供先进的管理手段和工具，如电子计算机是现代科学管理不可缺少的工具。由于使用电子计算机，不仅提高了管理效率，而且大大减少了中间层次的管理人员。

第二节　马克思主义科学技术观的形成及发展

马克思根据19世纪生产力发展的水平，提出科学技术是生产力的一部分，生产力中包含科学的论断，强调科学技术是生产力和社会发展的强大动力。现代科学技术的发展，丰富了马克思主义科学观中关于科学—技术—生产相互转化的理论。近代以后形成的科学—技术—生产，反映了生产对于科学的基础作用，科学是生产的前导；在当代，构成了一个完整的过程，即生产—技术—科学—技术—生产，科学处于中心地位。科学是理论前导，技术是关键，而生产、需要则是科学和技术的基础、动因和归宿。恩格斯就曾指出，科学的发生发展一开始就是由生产决定的。如果说技术在很大程度上依赖于科学状况，那么，科学却在更大程度上依赖于技术的状况和需要。这就是说，近代科学技术的进步首先是从生产需要开始，引起技术的发展，进而推动科技的发展，社会生产是科技进步的动力和源泉。在资本主义社会的发展历程上，不难发现自近代工业化大生产出现以来所经历的四次大的技术革命，都以自然科学革命为先导，以生产工具的变革为标志，引起生产新飞跃的事实充分证明了这一点。

中国共产党历来重视科学技术在我国经济社会发展中的作用和地位，并且在中国特色社会主义建设实践中不断丰富和发展了科学技术是生产力的理论。1953年，新中国开始第一个五年计划建设时，毛泽东就提出要学习先进的科学技术来建设我们的国家。1956年，周恩来代表党中央提出向科学进军的口号。1958年初，毛泽东又提出现在要来一个科技革命，并要求把党的工作重点放到技术革命上来。党的十一届三中全会以后，邓小平根据世界科学技术飞速发展对生产力的巨大推动作用，明确提出科学技术是第一生产力的著名论断，之后的江泽民、胡锦涛先后提出科学技术是先进生产力的集中体现和主要标志、科学技术是推动人类文明进步的革命力量等重要论断，成为中国特色社会主义的重要内容。为此，党中央相继提出科教兴国和人才强国战略以及提高自主创新能力、建设创新型国家的重大战略决策。因为，科学技术实力和国民教育水平是衡量综合国力和社会文明程度的重要标准。

一、科学的力量是生产力：马克思恩格斯的科技观

马克思恩格斯的科技观是历史唯物主义的重要组成部分，它的产生反映了19世纪欧洲科技发展的水平。马克思恩格斯生活在科学技术迅速发展和广泛应用的19世纪。生产力和资本主义大工业的迅速发展，促进了自然科学的飞速发展。马克思对科学技术的本质的研究，是通过考察劳动过程来揭示的。在人类史上，马克思第一次科学地揭示了科学技术的本质，即在一般意义上，社会生产力作为人们在生产劳动过程中利用自然，改造自然的能力，反映了劳动过程中人和自然之间的物质交换过程。马克思指出，工艺学会揭示出人对自然的能动关系，人的生活的直接生产过程，以及人的社会生活条件和由此产生的精神观念的直接生产过程。在这里，马克思视科学和技术在本质上是反映了人对自然的能动关系，并进一步提出生产力包括技术。这就意味着，科学技

术是属于生产力系统的基本要素。总之，马克思恩格斯将科学技术视为生产力，作为物化的科学技术是直接生产力，科学理论和技术知识在未被应用于生产过程即作为知识形态的东西时，是潜在生产力和精神生产力。当科技知识应用于生产时，就物化为物质生产力或直接生产力。

从马克思恩格斯科技观形成的现实基础来看，一是基于科学技术的历史发展状况；二是源于唯物史观的创立。19世纪自然科学由原来主要是搜集材料的科学发展为整理材料的科学。在社会生活的方方面面，人类运用科学技术改造世界的影响越来越明显。同时，在哲学史上，唯物史观的创立是马克思恩格斯完成的伟大变革。这样我们观察社会的各种现象、各种问题就有了科学的社会方法论和科学的历史观。马克思曾经说过，人们的观念、观点和概念，一句话，人们的意识随着人们的生活条件、人们的社会关系、人们的社会存在的改变而改变。所以说，任何一种观点、理念以及概念本身并不是抽象的，而是一个历史范畴。同理，科学技术观念也不是远离现实而存在的，它本身就是一个历史的范畴。马克思、恩格斯当年就讲，科学本身就是一种社会历史现象，也应从唯物史观的角度加以分析和考察，并进而指出科学是生产力，科学是一种在历史上起推动作用的、革命的力量。今天我们对马克思恩格斯的科技观进行深入系统的研究，有助于我们更加深刻地揭示当代科学技术的生产力功能以及与社会经济发展的互动关系。

马克思恩格斯的科技观，作为马克思主义的一个重要组成部分，具有十分丰富的理论内容。概括起来，主要包括三个方面：科学的社会本质、科学发展的动力、科学的社会作用。

关于科学的社会本质，马克思恩格斯首先是考察人类社会发展的历史和科学技术的历史，然后从社会对科学的需求出现，发现了科学本身就是一种社会现象。从研究方法上，他们指出历史可以从两方面来考察，可以把它划分为自然史和人类史。但这两方面是密切相连的；只要有人存在，自然史和人类史就彼此相互制约。这里所提及的自然史，是指自然科学；讲人类史和自然史的相连、相互制约，是指社会与科学之间不是相分离的，而是相互联系、密切相关的。因为，自然科学能够使人类从理论上征服自然，体现着人对自然界的理论关系。也就是说，科学作为系统的知识能有助于我们认识世界。因此，马克思视科学活动为一种智力劳动，而科学就是脑力劳动的产物，是社会发展的一般精神成果。在此基础上，马克思、恩格斯就物质生产和科学之间的紧密关系，进一步指出生产力中也包括科学，科学的力量也是另一种生产力。马克思、恩格斯认为，劳动生产力是由多种因素决定的，这里也包括着科学的发展水平和它在工艺上应用的程度。这一重要论断指出，我们面临的社会将是一个以科学技术为先导的社会，社会的进一步发展、生产力的不断提高都离不开科学技术的作用。除此之外，科学作为社会生产力是以一种知识形态而出现的，当自然科学被应用于生产，进入到生产过程中，就成了直接的生产力。关于这一点，马克思有过这样的经典论述，以机器为基础的大工业具有这样一个特点，即生产过程的智力同体力劳动相分离，智力变成资本支配劳动的权力。在这一基础上，马克思进一步指出，机器生产的原则是把生产过程分解为各个组成阶段，并且应用力学、化学，等等，总之就是应用自然科学来解决由此产生的问题。马克思在此的意思非常明确，科学所提供的各种理论知识使资本能够利用机器直接占有活劳动。而且与此同时，机器反过来又能为科学技术的发展提供物质手段、物质条件，从而促进它们持续革新。

正如马克思所指出的，科学在直接生产上的应用本身就成为对科学具有决定性的和推动作用的要素。

那么，什么构成了科学发展的动力呢？科学的发展与其所处的社会环境之间有没有直接关系呢？对此，马克思、恩格斯发现，科学的发展是在社会环境的制约下进行的，正是社会实践活动的需要直接推动自然科学前行。在致瓦·博尔吉乌斯的信中，恩格斯有过这样的表述，如果像您所断言的，技术在很大程度上依赖于科学状况，那么科学状况却在更大的程度上依赖于技术的状况和需要。社会一旦有技术上的需要，则这种需要就会比十所大学更能把科学推向前进。并且经济上的需要曾经是，而且愈来愈是对自然界的认识进展的主要动力。这就意味着，尽管社会的各种因素对科学的产生、发展或多或少都起着不同程度的作用，但是其真正的实践基础就是物质生产本身。从科学史的角度出发，我们不难发现这样一个事实：科学诞生于人类认识自然、改造自然的实践活动。正是由于人类自身生存发展的需求推动了科学、技术的形成和发展，而且它们自形成之日起就对人类社会产生着不可忽视的影响。关于科学的社会作用，马克思、恩格斯给出了高度评价，科学是历史的有力杠杆，是一种在历史上起推动作用的、革命的力量。

所以，在当今科学技术飞速发展并且向知识经济时代迈进的背景下，深入系统地研究马克思、恩格斯的科技观有着很重要的现实指导意义。当今中国，科学技术是生产力的思想已被大家所熟知。面对第二次世界大战之后世界格局的新变化，特别是世界经济在上个世纪七八十年代出现的新发展方向，作为中国现代化的总设计师的邓小平结合我国的实际情况进行了深刻而科学的总结，并提出科学技术是生产力，而且是第一生产力的科学论断。可以说，邓小平的这一科学论断是对马克思主义科学技术是生产力的思想作了极其重要的发展。以江泽民为核心的我们党的第三代领导人，以邓小平的科学技术是第一生产力的思想为指导，站在新的高度，审时度势，对科学技术的作用问题作了一系列的论述。

总之，马克思恩格斯的科技观，特别是其中的科学技术是生产力的思想,经过历史与实践的考验,证明其有强大的生命力。他们关于科学技术与经济发展的一系列论述,不仅对于我国科学技术的发展和实施科教兴国战略有着重要的现实意义,而且对于我国经济的长远发展有着深远的理论意义。

二、科学技术是生产力:马克思主义的科技观

作为中国共产党第一代、第二代、第三代领导集体核心的毛泽东、邓小平、江泽民,在领导中国社会主义建设过程中,都形成了各自的科技思想。在社会主义现代化建设的探索过程中,尽管他们所处的历史条件不尽相同,但都提出科学技术是我国大力发展社会生产力,建设社会主义的物质基础的关键性要素。由于我国自解放以来整个社会的状况发生了巨大的跃迁,所以他们各自提出的科技观都有着鲜明的时代特点。因此,分析和比较毛泽东、邓小平、江泽民的科技思想,对于我们更好地深入贯彻落实科学兴国战略和人才强国战略都具有重要的现实意义。

中国共产党的历代领导人都非常重视科学技术在社会发

展中的作用和地位，并提出了各具时代特征的思想。可以大致分为这样三个阶段：第一阶段，毛泽东提出了向科学进军的思想；第二阶段，邓小平提出科学技术是第一生产力的科学论断；第三个阶段是江泽民的科教兴国战略。

关于科学技术在人类历史发展中的作用和地位，毛泽东一直有着很深刻的认识。最早可以追溯到1940年，他就曾经说过，自然科学是人类争取自由的一种武装。到20世纪50年代中期，我国社会主义改造通过"一化三改"基本完成，大规模的社会主义建设开始。针对当时我国的实际情况，毛泽东在全国党的代表会议上强调，我们进入了……钻社会主义工业化，钻社会主义改造，钻现代化的国防，并且开始要钻原子能这样的历史的新时期。全党同志要适应这种新情况，钻进去，成为内行，这是我们的任务。只要我们更多地懂得马克思列宁主义，更多地懂得自然科学，一句话，更多地懂得客观世界的规律，少犯主观主义错误，我们的革命和建设工作，是一定能够达到目的的。在此，毛泽东强调学习科学技术是与学习马列主义理论同等重要的，表现出他透彻地认识到科学技术在社会主义建设中的作用和重要地位。

科学技术是第一生产力

毛泽东从中国近代历史的经验教训出发，强调要想搞好中国的社会主义现代化建设，就必须努力学好科学技术。他指出，我国从19世纪40年代起，到20世纪40年代中期，共计105年时间，全世界几乎一切大中小帝国主义国家都侵略过我国，都打过我们，除了最后一次，即抗日战争，由于国内外各种原因以日本帝国主义投降告终以外，没有一次战争不是以我国失败、签订丧权辱国条约而告终。其原因：一是社会制度腐败，二是经济落后。现在，我国社会制度变了，第一个原因基本解决了……第二个原因也已开始有了一些改变，但要彻底改变，至少还需要几十年时间。如果不在今后几十年内，争取彻底改变我国经济和技术落后于帝国主义国家的状态，挨打是不可避免的。针对我国科学技术落后于西方发达国家的现实，他意识到我国社会主义事业的建设及快速发展要依靠科学技术，所以学习和掌握先进的科学技术至关重要。为此，他强调学习科学技术就好比是打一场仗，一定要打好，而且必须打好。基于此，毛泽东提出了向科学进军的伟大号召。在这一号召的指引下，面对当时我国经济建设、国防建设亟待解决的科技问题，全国人民，特别是科技工作者奋发图强取得了令世人瞩目的成绩。总体上，毛泽东正确的科技思想以及重大战略部署，不仅为我国科学技术的发展奠定了良好基础，也为以邓小平为核心的第二代领导集体的科技思想提供了形成、发展的理论依托。

邓小平既是第二代领导集体的核心，也是第一代领导集体中的重要成员。在我国的科学技术事业的创建过程中，邓小平也作出了巨大的贡献。1975年"文革"后期，他主持中央日常工作时，就强调发展科学技术和调动科技人员的积极性是全面整顿的重要环节，要抓紧抓好。在1978年的全国科学大会上，邓小平从理论和实践两个层面出发，全面分析了当时我国科技发展的现实状况。针对在向科学技术现代化进军过程里，知识分子所起的重要作用进行了详尽阐述。在这次会议上，他重申了科学技术是生产力的思想，提出了党关于科学技术事业发展的各项方针、政策。

从邓小平科学技术思想的形成过程来看，科学技术对社会主义现代化建设的作用以及科技在其中所处的地位问题，是他非常重视的、多次强调并反复论证的核心问题。他指出，在无产阶级专政的条件下，不搞现代化，科学技术水平不提高，社会生产力不发达，国家的实力得不到加强，人民的物质文化生活得不到改善，那么，我们的社会主义政治制度和经济制度就不能充分巩固，我们国家的安全就没有可靠的保障。四个现代化，关键是科学技术的现代化。没有现代科学技术，就不可能建设现代农业、现代工业、现代国防。没有科学技术的高速度发展，也就不可能有国民经济的高速度发展。

邓小平不仅非常关注着现代科学技术的发展趋势，而且也非常重视科学技术对社会发展的深刻影响。为此，他明确指出，现代科学技术正在经历着一场伟大的革命。近30年来，现代科学技术不只是在个别的科学理论上、个别的生产技术上获得了发展，也不只是有了一般意义上的进步和改革，而是几乎各门科学技术领域都发生了深刻的变化，出现了新的飞跃，产生了并且正在继续产生一系列新兴科学技术。现代科学为生产技术的进步开辟道路，决定它的发展方向。从他的论述中，我们不难发现，对于生产过程中科学技术被应用的规模和速度的巨大变化所造成的社会物质生产领域的新面貌，邓小平有着详尽而全面的了解。所以，他能够深刻地体悟到，科学技术领域的竞争是当今世界各国间激烈竞争的焦点。任何一个国家，无论是在经济增长上、国家安全方面，还是社会的进步都离不开科学技术这个奠基石和原动力。据此，他把科学技术在生产力系统中的作用提到一个全新高度，创造性地提出了科学技术不仅是生产力，而且是第一生产力的科学论断。并且进一步阐明了，在现今社会生产力的系统中，科学技术全方位渗透其中，起着决定性的、首要的作用，居于头等重要的战略地位。总之，邓小平的科技思想是对马克思主义关于科学技术理论及生产力理论的继承和发展。它是在世界经济、科技快速发展的时代背景下，依据马克思主义基本原理并结合中国社会发展的实际情况而阐发的，所以有着非常鲜明的时代特征。

在新的历史条件下，以江泽民为核心的党中央第三代领导集体继承和实践了邓小平的科技思想。江泽民科技思想主要包括以下几点：第一，指出我们所处的时代区别与以往任何一个时代，是知识经济的时代。今天的世界，科学技术革新的速度可以用突飞猛进来形容，在整个经济发展中科技起的作用是越来越大，知识经济已见端倪，国力竞争日趋激烈。科学技术和人才的竞争集中表现了各国之间的竞争。在一个国家、一个民族的发展进程中，科技发展状况和知识创新能力都起着至关重要的作用。因此，全党和全社会都要高度重视知识创新、人才开发对经济发展和社会进步的重大作用，使科教兴国真正成为全民族的广泛共识和实际行动；第二，对世界经济发展趋势的主要特点进行了全面阐明。江泽民谈到：在21世纪里，科学技术日新月异的发展及其在经济发展中越来越大的作用，呈现出世界经济发展的一个明显趋势。其主要特点集中体现在以下几个方面：一是高新技术革命来势迅猛，高科技不仅是以信息技术为标志的，而且向现实生产力的转化越来越快，在整个经济中高新技术产业的比重不断增加；二是经济与科技之间的关系与结合日益紧密，国际间科技、经济越来越趋于全球化；三是科技革命创造出新的技术经济体系，产生了新的生产管理和组织形式，推动了世界经济的增大；四是各国更加重视科技人才，教育的基础作用愈益突出；最后，提出了实施科教兴国战略的对策与措施。

基于此，江泽民认为，我们应该抓紧制定面向21世纪的发展战略，抢占科技和产业的制高点。今天我们面临着世界科学技术不断革新的局面，因此必须抓住时代的脉搏，跟紧时代潮流，奋发有为，才能走向繁荣昌盛，走向文明进步。他还指出，我们的思想和行动要与世界同变化。对未来科学技术，特别是高技术发展给综合国力、社会经济结构和人民生活带来的巨大影响要有充分估量。要以科学的态度和方法，认真应对新技术革命给我们的挑战和机遇，努力把我国的科学技术搞上去，把经济建设和各项社会建设搞得更好。为此，他进一步指出，结合新情况，正确把握科技和经济发展的客观规律，紧密围绕实现我国跨世纪战略目标，认真组织实施好科教兴国战略是关键。

科教兴国战略是实现经济振兴和国家现代化的根本大计。科教兴国，就是要发展科技，教育事业以振兴国家，并用科技和教育使国家强大和振兴起来。所以，科教兴国必须先兴科教。在科教兴国战略实施的过程中，应增强发展科学技术和教育的力度，大力发展高新技术产业，让科技成果转化为现实生产力的能力日益加强。1996年，八届全国人大四次会议正式提出了国民经济和社会发展"九五"计划和

2010年远景目标,"科教兴国"成为我们的基本国策。在"九五"期间,以科教兴国战略为指导,我国科学技术及教育事业发展迅速并取得长足进步。国务院成立了科教领导小组,加强了对科技、教育工作的领导协调工作。制定和顺利进行了攀登计划、863计划、攻关计划、星火计划等各项科技工作计划,加强了基础研究、应用研究、开发研究的投入力度。在教育方面,教育事业进入一个快速发展时期,尤其是高等教育,我国陆续启动了211工程和985工程,有计划地建设了一批重点大学和重点学科,重点支持部分高校创建世界一流大学和高水平大学,以便为21世纪科技、经济的腾飞奠定了重要基础。

第三节　马克思主义科技观与中国特色社会主义的建设

在科学技术日新月异的时代里,我们要建设好中国特色的社会主义就必须紧跟时代的脉搏,发展好科学技术,抓好人才教育、提高自主创新能力。因为科学的本质是创新,创新是一个民族进步的灵魂，创新的关键是人才，教育是人才成长的关键。马克思主义认为，社会主义的优越性是体现在社会发展、社会生活的方方面面，而经济发展是其最根本和首要的方面，经济发展很大程度上要取决于科学技术的发展程度以及运用水平。列宁就曾经说过，社会主义社会建设的真正和唯一的基础只有一个，这就是现代化的大工业。所以，在1921年提出的新经济政策中，列宁提出引进外国的先进技术，即电气化技术实现国家现代建设。列宁认为，没有高度发达的现代科学技术为基础的社会生产力，也就根本谈不上社会主义，而对于经济落后的国家来说更是如此。尤其是在今天的社会生活里，科学技术已经成为第一生产力，科学技术与中国特色的社会主义之间的内在关系更加清晰明了，科学技术对于中国特色社会主义的建设至关重要。

一、马克思主义科技观与科技发展战略

依据马克思主义的科技观，结合中国的实际情况，我国历届领导集体都提出了相应的科技发展战略：毛泽东提出打破常规；邓小平讲，要在世界高科技领域占有一席之地；江

泽民强调掌握科技发展的主动权，在更高的水平上实现技术发展的跨越，科学技术改造客观世界，促进社会发展，体现在实践中的方方面面。

1953年，针对我国建国初期的实际情况，毛泽东提出了在技术上要掀起一场革命的思想。这一思想很快就被党和国家所接受，并作为规划与措施进行了具体的实施。从1956年春到1956年5月，面对当时国内外的形势，毛泽东逐步提出了中国也要搞点原子弹、氢弹和人造卫星的想法。在这一思想指导下，我国成立了科学技术规划委员会，其目标是发展我国的科技事业，缩短我们同发达国家间的差距。毛泽东曾明确表示，不能走世界各国技术发展的老路，跟在别人后面一步一步地爬行。我们必须打破常规，尽量采用先进技术，在一个不太长的历史时期内，把我国建设成为一个社会主义的现代化的强国。在全国各族人民共同的努力下，尤其是大量科研人员的艰苦奋斗下，从1964年到1970年，我国第一颗原子弹爆炸成功、第一颗氢弹试验成功、成功发射了第一颗人造地球卫星东方红号。我们用了不到十年的时间，研制成功了两弹一星，提高了我国在国际上的地位。与此同时，在其带动下我国的高技术工业得以建立和发展，对我国工业化建设作出了重要贡献。中国作为一个发展中国家，在新中国成立以前我们就不曾有过真正意义上的现代工业，更不要讲高科技产业。但是我们在党的正确方针指导下，在经费不多、国力不强的情况下，用比西方发达国家还短的时间完成了这几项重大工程，这是我国的宝贵经验。

正如邓小平所言，如果60年代以来中国没有原子弹、氢弹，没有发射卫星，中国就不能叫有重要影响的大国，就没有现在这样的国际地位。这些东西反映一个民族的能力，也是一个民族、一个国家兴旺发达的标志。在发展科学技术方面，毛泽东强调了要有打破常规、打硬仗的作风，邓小平继承和发展了这一作风，并从中国具体国情出发更成熟更准确地提出了自己的科技思想。邓小平说，过去也好，今天也好，将来也好，中国必须发展自己的高科技，在世界高科技领域占有一席之地。他还强调，世界上一些国家都在制订高科技发展计划，中国也制订了高科技发展计划。下一个世纪是高科技发展的世纪。实践已证明并将继续证明：中国发展高科技的作用，从经济发展来讲是一种先进生产力；从军事角度来看是一种潜在防务力量；从政治作用来说是一种国际影响力；从社会发展而论是一种巨大的推动力。

自上个世纪90年代以来，全球进入了一个信息技术带动网络经济的大发展时期。作为上个世纪新科技革命重要标志的信息技术，是以计算机技术和微电子、网络技术和通信、软件和系统集成技术为代表的，它是20世纪世界科学技术发展的一个重要特质。针对当今国际信息技术发展的现状和趋势，江泽民对西方发达国家的产业结构更新、经济结构的加速重组过程进行了正确的分析，结合我国的实际情况，深入思考了怎样改变传统式的工业化发展模式的问题，并进一步制定出适应时代特点的中国式的工业化、现代化的发展道路。江泽民科技思想的形成和发展，大致经过了以下几个阶段。

1997年9月12日，在党的十五大报告中，江泽民在论述我国经济发展战略时，提出我国作为一个发展中国家，应该更加重视运用最新技术成果，实现技术发展的跨越的战略思想。随后，1999年8月23日，江泽民在《全国技术创新大会上的讲话》中又指出，大家既要充分估量新的科技革命带来的严峻挑战，更要珍惜它带来的难得机遇。尽管我们在科技上同世界的先进水平还有较大差距，但是毕竟我们具备了实现科技大发展的基础和能力。现在，我们已具备在一些领域实现技术跨越式发展的基础和条件。他强调：关键是要在学习、消化和吸收国外先进技术的同时，加强自主创新……掌握科技发展的主动权，在更高的水平上实现技术发展的跨越。在2000年10月11日，他又在国际工程科技大会上的讲话中指出，我们将大力推进国民经济和社会信息化，以信息化带动工业化，努力实现我国社会生产力的跨越式发展。在我国推进社会主义现代化建设过程的关键阶段，信息化发展战略是科教兴国战略、可持续发展战略实施之后，党中央制定的新的重要发展战略。这一重大决策的提出，既体现出了世界现代化进程的普遍规律，也反映了我国在追赶以信息化为标志的新科技革命过程中，发展现代化的实际，它对我国进一步实施科教兴国战略，实现中华民族的伟大复兴具有非常重要的意义。

综上所述，毛泽东、邓小平、江泽民科技思想的理论依据是一致的。他们都是在深刻认识到经济发展、科技发展和社会进步之间具有相互促进的辩证关系基础上，依据自己所在时代的特点以及中国不同时期的具体国情，分别提出了具有时代特色的科技发展思想。面对新中国刚刚成立之时，不仅百业待兴、科学技术比较落后而且社会主义建设事业也才起步，毛泽东提出要努力钻研和掌握科学技术，尽快地建立起我国的科学技术事业。从邓小平科技思想提出的背景来看，当时的科学技术在革新速度上是日新月异的，对生产力发展和社会进步的推动作用是居于第一位的力量。而我国经过十年浩劫，科学技术发展水平与西方发达国家的差距被加大，所以他主要是强调要大力发展我国的科学技术事业，尽快赶上和超过世界先进水平。在新旧世纪之交时，知识经济已经开始初露端倪，科技革新的速度是突飞猛进，它们对社会经济产生深远影响。在这样的时代背景下，江泽民顺应时代的要求提出自己的科技思想。在他的科技思想里，更多强调的是解决科学技术转化为生产力的机制问题、邓小平科技思想转化为国家发展的战略决策问题，以便能够发挥后发优势、努力实现科技的跨越式发展。毛泽东、邓小平、江泽民都大大地丰富和发展了马克思主义关于科学技术和关于生产力的伟大学说，并且提出了不同时期科学技术的发展战略。结合我国社会主义建设的具体情况，重点介绍科教兴国战略和人才强国战略。科教兴国战略，是1995年5月，江泽民在全国科技大会上的讲话中提出的。人才强国战略是中共中央、国务院制定下发的《2002—2005年全国人才队伍建设规划纲要》中提出的。

二、"科教兴国战略"与"人才强国战略"

2006年1月9日，胡锦涛在全国科学技术大会上讲话指出，科学技术是第一生产力，是推动人类文明进步的革命力量。要实现党的十六届五中全会确定的发展目标，必须坚持以邓小平理论和"三个代表"重要思想为指导，全面贯彻落实科学发展观，大力实施科教兴国战略和人才强国战略，进一步发挥科技进步和创新的重大作用，切实把经济社会发展转入以人为本、全面协调可持续发展的轨道。

科教兴国战略，是指全面落实科学发展观，把科技和教育摆在经济、社会发展的重要位置，增强国家的科技实力及向现实生产力转化的能力，提高全民族的科技文化素质，把经济建设转移到依靠科技进步和提高劳动者素质的轨道上来，加速实现国家的繁荣富强。实施这一战略，必将使我国生产力有一个大的解放和发展，提高我国经济发展的质量和水平。

人才强国战略是指，在建设中国特色社会主义伟大事业中，要把人才作为推动事业发展的关键因素，努力造就数以亿计的高素质劳动者、数以千万计的专门人才和一批拔尖创新人才，建设规模宏大、结构合理、素质较高的人才队伍，开创人才辈出、人尽其才的新局面，把我国由人口大国转化为人才资源强国。

科教兴国的发展战略和人才强国战略是跨世纪的战略抉择。它们既来自于人们对历史前进的主要动力是科技进步和教育发展的共识，也出自于对改革开放中的中国经济如何保持连年快速增长的势头的慎重思考。这是中华民族要在21世纪跻身于世界先进民族之林而发出的时代最强音。

我国的现代化建设只能走依靠科技进步和提高劳动者素质的道路。这是由我国国情所决定的。在社会主义建设事业里，要发展生产力就离不开科学技术的持续革新。因为，科技的创新和进步是生产力能够得以发展的决定因子，是经济和社会发展的主导力量实施科教兴国战略，推动科技进步与创新，对于推动和加速我国的现代化建设具有重要意义。就目前，在影响我国经济增长的因素里，科技的贡献率并不高，技术装备也没有完全达到世界先进水平，相对比较落后，新产品开发创新能力不高，科技成果转化率较低。因此，加快科技进步已成为促进结构调整，实现社会生产力更大发展的迫切要求。

实施科教兴国战略，也是我国针对综合国力较量的态势和新科技革命迅猛发展的趋势所必然采取的一项根本对策。国力竞争首先是科技竞争，江泽民在《庆祝北京大学建校一百周年大会上的讲话》中指出：当今世界，科学技术突飞猛进，知识经济已见端倪，国力竞争日趋激烈。全党和全社会都要高度重视知识创新、人才开发对经济发展和社会进步的重大作用，使科教兴国真正成为全民族的广泛共识和实际行动。

同时，高素质的劳动者是经济建设的巨大智力资源。提高全民族的素质是一项意义重大的战略任务。人类文明进程至少已有六千余年，地球上各个民族共同创造了人类文明的灿烂之花。从汉代到明代初期，中国的科学技术在世界上一直领先长达14个世纪以上。尤其是唐宋盛世，至今仍令各国仰慕。但自明中叶以来，闭关锁国的政策、腐败的封建统治、遏制人才的科举制度等，严重地阻碍了中国科技及教育的发展，酿成了近代史上中华民族屡遭外国列强践踏的悲剧。新世纪以后，无论是国际国内形势都出现了新变化。就国际上来看，伴随着经济全球化的不断深入，科技进步的速度是突飞猛进，知识不断创新、科技不断革新、产业创新速度不断加速，以经济为基础、科技为先导的综合国力竞争日趋激烈，人才资源成为关系国家竞争力强弱的基础性、核心性、战略性资源。就国内的具体情况来看，现在是中国进入全面建设小康社会、加快推进社会主义现代化的关键时期，而经济社会发展要求与人才资源不足的矛盾日益突出，高层次和高技能人才严重短缺；人才结构不合理；人才管理体制、运行机制与市场经济体制不相适应等问题现实地提到党和国家的议事日程。因此，如何进一步解决人才问题被推到了国家发展的战略层面。

综观当今国内外形势，我们既面临难得的机遇，也面临严峻的挑战。无论是发达国家还是发展中国家，都在抓住时机加快发展。尤其是主要发达国家，为了在21世纪的世界发展和国际竞争中继续保持领先地位，正在抓紧调整科技和经济战略。从国内来看，经过三十多年的努力，我们的改革开放取得了巨大的成功，社会主义现代化建设开创了新的局面，国家的整体实力大大增强，人民的生活水平显著提高。但是，我国的可持续发展还受到国民经济整体水平还比较低，以及资源、人口、环境等方面问题的严重制约。在国际关系和国际经济竞争方面，我们一方面要应对来自西方发达国家在经济和科技上的压力；另一方面也面临强权政治、霸权主义的压力。所以，未来我国在国际社会的地位，不仅要取决于我国现代化进程能否加速，而且也要看我国在国际合作与竞争中能不能取得更大的主动权。这就要求我们应以高度的历史责任感和时代紧迫感，集中力量全力以赴把经济搞上去，让科技和教育的重大作用充分发挥出来，大幅度提高我国的经济实力和综合国力，不断发展和壮大自己。

另外，我国社会主义制度的发展、巩固，很重要的一条是取决于我国科技和教育的发展状况。社会主义制度之所以优越，首先在于它能使生产力以资本主义所没有的速度持续发展，能使人民物质文化生活比在资本主义制度下更优越。关于社会主义的本质，邓小平明确指出是解放生产力，发展生产力，消灭剥削，消除两极分化，最终达到共同富裕。这一界定内含两个基本问题：一个是社会主义的根本任务，一个是社会主义的价值目标。

在当代科技革命条件下，社会主义面临着生产力迅速而巨大增长的机遇和挑战。对于像中国等这样的发展中国家，最普遍的表现是生产力水平低下、经济落后、人民贫穷，这严重影响了社会主义制度的巩固和其优越性的体现。贫穷不是社会主义，落后不是社会主义。因此，我们要努力实施科教兴国战略，大力发展生产力，消除贫穷，在经济上赶超资本主义发达国家。这是我国经济社会发展的必由之路，也是我们应当长期坚持的一项基本国策。

就我国目前科学技术的发展状况来说，我国科技的总体水平同世界先进水平相比仍有较大差距，同我国经济社会发展的要求还有许多不相适应的地方，主要是有以下几个方面：一是我国在关键性技术上，目前自给率比较低，自主创新能力也不高，与西方企业相比，我们的核心竞争力也不强；二是在农业发展方面，我国的农业、农村经济的科技含量较低，整体发展水平还比较低；三是在整个经济中，在高新技术产业所占的比例还不高，特别是在一些关键领域，产业技术对外技术依赖性较大，一些高技术含量、高附加值的产品主要依赖进口；四是在科学研究和人才方面，目前我国的整体科学研究实力还不很强，一些领域的优秀拔尖人才比较匮乏；另外，在科技的投入上，尽管已经有很大进步，但还有不足，体制、机制还存在不少弊端，等等。总体上，目前我国的科技事业发展状况，还无法满足转变经济增长方式、调整经济结构的迫切要求，无法满足把经济社会发展切实转入以人为本、全面协调可持续的轨道的迫切要求，无法满足实现全面建设小康社会、不断提高人民生活水平的迫切要求。因此，进一步深化科技改革，大力推进科技进步和创新，培养更多的创新型科技人才，提高劳动者的科技素质，推动我国经济增长从资源依赖型转向创新驱动型，推动经济社会发展切实转入科学发展的轨道，就是一项刻不容缓的重大使命。

一旦我们自觉地认识到时代矛盾运动的动力和规律，把握了中国的具体国情，就应当据以制定正确的战略和政策，

科学技术是第一生产力

采取恰当的行动步骤,迎接时代的挑战,推进伟大的社会主义事业。明确社会主义的根本任务是解放和发展生产力这一理论上的突破,为制定具体的方针政策,在实践中有重点地解放和发展生产力,即为由理论到实践的过渡创造了前提。根据当代科技革命所展现的崭新的历史可能性,人们最迫切的使命是进一步明确科学技术是第一生产力,从而在操作层面上为完成社会主义的根本任务找到突破口。这就是首先解放和发展科技生产力,包括解放和发展教育生产力,把四个现代化的关键放在科技教育现代化上。

科教兴国战略,正是我党自20世纪80年代以来,积极贯彻执行邓小平的科技教育理论,结合我国现阶段经济社会发展的实际情况而确立的一项基本国策。它的主要内容是:贯彻经济建设必须依靠科学技术,科学技术必须面向经济建设的方针、必须坚持以教育为本,优先发展教育事业、实现科技、教育和经济的有机结合,这是科教兴国战略的核心内容。

科学技术门类众多,服务对象广泛,但是为经济建设服务,要摆在首要的地位。经济建设所要解决的一切重大问题,都离不开科技进步。科学技术也只有同经济建设紧密结合，才能充分发挥作用并具有广阔的前景。

经济发展必须依靠科学技术。没有科学技术的高速度发展，也就不可能有国民经济的高速度发展。我国还是一个发展中国家，人口众多，底子比较薄，尽管地大物博，但人均资源较少，经济文化比较落后，这些都成为经济、社会发展的长期制约因素。在这样的条件下我们进行现代化建设，必须要使劳动生产率大幅度提高，要使人民群众的物质文化生活水平得到提高，因此在推动科学技术的进步上我们必须付出艰苦的努力。我们要坚持把科学技术放在优先发展的战略地位，坚持依靠科技进步来提高经济效益和社会效益。只有发展科技，才能事半功倍。更为紧迫的是，在跨入21世纪的历史转折时期，"冷战"结束和科技进步将人类社会发展推入了新的一轮竞争。这轮竞争的特点是：以经济为核心，以科技为基础，以全球为竞争场。经济竞争变成"无硝烟"的战争，而科技进步成为经济竞争前沿争夺的焦点。

在肯定现代经济的发展必须依靠科技进步的同时，我们还必须注意到当代科学技术的发展，必须以经济生产的发展为依托。在影响科学技术发展的社会诸因素中，经济因素占据首要的地位。如前所述，社会的经济需求是科学技术发展的最重要的推动力量；社会的经济支持是科学技术发展最重要的物质基础；社会的经济竞争是科学技术发展的最重要的刺激因素。现代社会是分工和专业化高度发展的社会，是经济文化联系错综复杂的社会。随着生产、流通、交换和分配的规模越来越大，社会化程度越来越高，社会信息量越来越多，信息交流越来越占重要位置。面对日益增加的庞大信息量，出现了人脑这个天然信息处理机所无法及时处理大量信息的尖锐矛盾。以信息科技为主要标志的当代科技革命，就反映了人们需要利用机器来处理大量社会信息的客观需要，使人们能够及时掌握单凭人脑无法掌握的迅速增长的庞大社会信息量。又如20世纪以来，冶金工业的发展、动力基地的建立，精密仪器制造工艺水平的提高，为科学技术的进一步发展提供了物质生产条件。新材料科技、新能源科技、生命科技、空间和海洋科技等，也正是适应了经济和社会诸方面的要求，不但产生出来并在生产中得以广泛应用的。

科技进步、经济繁荣和社会发展，从根本上说取决于提高劳动者的素质，培养大批人才。所以，我们必须把教育摆在优先发展的战略地位，努力提高全民族的思想道德和科学文化水平，这是实现我国现代化的根本大计。要优化教育结构，大力加强基础教育，积极发展职业教育、成人教育和高等教育，鼓励自学成才。各级政府要增加教育投入，鼓励多渠道多形式社会集资办学和民间办学，改变国家包办教育的做法。各级各类学校都要全面贯彻党的教育方针，全面提高教育质量。进一步改革教育体制、教学内容和教学方法，加强师资队伍的培养和建设，扩大学校办学自主权，促进教育同经济、科技的密切结合。

鉴于教育在科技、经济、社会发展中的重要地位，迎接知识经济的挑战，必须调整我们的教育制度、建立现代教育产业。知识经济的到来，对中国教育和人才培养制度产生了很大作用和深远影响，对教育的发展提出了前所未有的新要求：造就一代高质量的新人，尽可能加大教育投入的力度。知识的传播和对学生的培养，要改变过去死读书、读死书的应试教育体系，高扬创新意识。我们的人才必须适应今天瞬息万变的形势，必须把素质教育与通才教育放在首位，正确处理知识、能力、素质三者的关系。要重视训练学生与人共事的能力，要讲究团队精神，还要重视心理素质培养，让学生经得起失败的考验。诺贝尔奖获得者朱棣文教授说：美国学生学习成绩不如中国学生，但他们有创新及冒险精神，所以往往创造一些惊人的成就。例如，硅谷Yahoo公司就是斯坦福大学的几个学生创立的，取得了难以想象的成就，对国际互联网络的发展起了很大的推动作用。

此外，还要促进教育市场化的改革趋势。市场经济条件下，知识与经济的关系日益密切，知识有偿、有价必然把教育推向市场化。从知识的市场化到教育的市场化，其结果就是知识经济的兴起和发展。当然，从经济生产角度看，高技术产业在整个经济领域的异军突起，人们对新产品的需求，是知识经济产生的原因，但教育的发展，新知识的广泛普及，以及教育的市场化，是知识经济产生的基础和促进因素。

科技、教育是为经济建设主战场服务的科技、教育，同时科技、教育的生存与发展又离不开经济发展这个物质基础。科教兴国，是一个综合性的社会系统工程，需要合理的经济体制、政治体制与之配套。一方面，科技和教育的顺利发展要有相应的经济、政治体制的保证；另一方面，科技和教育的进一步发展又促进经济、政治制度的相关发展。只有将科技、教育和经济有机结合，才能实现科教兴国战略的目标与任务，在新的竞争和挑战中立于不败之地。

所以说，实施科教兴国战略和人才强国战略具有鲜明的目标和重要的现实意义。科教兴国的目标，是要全面提高综合国力。实施科教兴国战略是实现我国国民经济和社会发展总目标的根本方针和重大战略。但是，向这一战略目标的迈进和飞跃，需要一个过程。在20世纪末21世纪初，分两步走。具体如下：到2000年的目标是：初步建立适应社会主义市场经济体制和科技、教育自身发展规律的科技、教育体制；在工农业科学研究与技术开发、基础性研究、高技术研究等方面取得重大进展，科技进步对经济的贡献显著提高，经济建设、社会发展基本转向依靠科技进步和提高劳动者素质的轨道；全国基本普及九年义务教育，基本扫除青壮年文盲，大力推进素质教育，完善职业教育和继续教育制度，高校入学率达11%左右，培养造就一批高水平的具有创新能力的人才。

到2010年达到以下战略目标：使基本建立的新型体制更加巩固和完善，实现科技、教育与经济的有机结合；培养造就一支高水平的科技队伍，全民族科技文化素质有显著提高，重大学科和高技术的一些领域的科技实力接近或达到国际先进水平，大幅度提高自主创新能力，掌握重要产业的关键技术和系统设计技术，主要领域的生产技术接近或达到国际20世纪末的水平，一些新兴产业的生产技术达到国际先进水平；全面普及九年义务教育，并在实现"两基"目标的基础上，城镇和经济发达地区有步骤地普及高中教育，全国人口受教育年限达到发展中国家先进水平，高等教育入学率接近15%，若干所高校和一批学科进入或接近世界一流水平，基本建立起终身学习体系，为国家知识创新体系以及现代化建设提供充足的人才支持和知识贡献。

实施科教兴国战略的根本任务，就是要充分发挥广大科技人员、教育工作者和亿万人民群众的积极性、主动性、创造性，动员全社会的力量，全面推进科技进步和教育发展。我国科技、教育发展的现实程度和水平还不够高，还不太符合知识经济的发展要求。所以，我们要下大力气形成全社会、全民族尊重知识、尊重人才的良好风气，克服对知识价值认识的滞后性；加大对科教的投入，尽量为科技进步和教育发展提供物质支持；处理发展不平衡矛盾，加大对经济体制、政治体制、科技体制和教育体制等方面的改革力度，使社会系统中的各部分、各要素相互促进，共同发展。

所以对2007年实施人才强国战略的工作重点，《政府工作报告》作了主要包括四个方面的明确阐述：

第一，加快推进以高层次、高技能人才为重点的各类人才队伍建设，大力培养一批自主创新的领军人物和中青年高级专家。一是以创新型科技人才队伍建设为重点，大力加强高层次专业技术人才队伍建设。需要进一步研究制定加强创新型科技人才队伍建设的政策措施，加快各类专业技术人才的培养和继续教育，继续抓好"新世纪百千万人才工程"、"高等学校高层次创造性人才工程"、"百人计划"等项目的实施工作，拓宽高层次人才开放式培养渠道，扩大公派出国留学规模，做好高层次人才出国（境）培训工作。通过这些工作，努力培养自主创新的领军人物和中青年高级专家。二是进一步加强高技能人才工作。高技能人才是生产劳动第一线的重要骨干力量，对实现经济又好又快地发展具有重要意义。要继续贯彻落实《关于进一步加强高技能人才工作的意见》，建立健全高技能人才校企合作培养制度，加强公共培训基地建设和职业院校师资队伍建设。

第二，加快人事制度改革，促进人才合理流动。人才培养出来了，能否实现最优化的配置，能否充分发挥作用，有多方面的相关因素。其中一个起着根本作用的要素就是人事制度。经过多年的努力，在人事制度改革方面取得了极大的进展，但仍然存在一些不利于人才合理流动，实现最优化配置的制度障碍。因此，要积极推进事业单位人事制度改革，继续深化机关事业单位工资收入分配制度改革，进一步健全和完善人才激励保障机制。要加快推进市场配置人才资源，健全完善人才市场服务体系，引导各类人才向农村、基层、边远地区和艰苦行业流动，促进人才在城乡、区域、行业间的合理流动和优化配置，促进人才服务业的健康发展。

第三，鼓励出国留学人员回国工作、为国服务，进一步做好吸引、聘用境外高级专门人才工作。实施出国留学政策，是中国改革开放基本国策的一个重要方面。改革开放之初，党和国家就决定派出留学人员，充分表明党和国家始终是将人才队伍建设摆在社会主义现代化建设全局之中的。

对于一时没有能力或能力不足的专业领域，向发达国家派出留学生，借助发达国家的力量加快培养。这一政策的实施，取得了巨大成效，对社会主义现代化建设的顺利推进发挥了巨大作用。在充分认识出国留学工作取得的成绩的基础上，着眼国家发展需要，要继续坚持"支持留学、鼓励回国、来去自由"的出国留学工作方针，为中国公民出国留学提供便利的服务。要深刻认识出国留学人员是国家宝贵的人才资源，积极吸引留学人员回国工作，鼓励留学人员以多种方式为国服务。要探索建立有效的吸引留学人才工作机制和工作载体，加快构建留学人员回国服务体系，加大留学人员创业园建设力度。继续推进"春晖计划"等吸引留学人员回国工作、为国服务的工作。与此同时，要进一步重视做好引进国外智力工作，充分发挥高等学校、国家科研院所等在集聚高层次人才方面的战略高地作用，努力吸引、聘用更多的境外高级专门人才。

第四，在全社会弘扬尊重劳动、尊重知识、尊重人才、尊重创造的良好风气。实施人才强国战略，加强各方面人才队伍建设，需要各级党委、政府和社会各界的共同努力。一个重要的方面，就是要在全党全社会形成尊重人才的社会风气。这就不仅需要对科学人才的尊重，尤其重要的是要尊重生产劳动第一线的技能型人才，真正形成科学的人才观，尊重一切有一技之长人才的劳动、知识、创造。只有这样，才能够在全社会形成学习光荣、劳动光荣、创造光荣的观念，引导社会各界人士共同形成有利于人才发挥聪明才智的社会氛围。各级政府应当从当地实际出发，认真解决影响人才队伍建设的认识问题、舆论问题、制度机制问题，把弘扬尊重劳动、尊重知识、尊重人才、尊重创造的良好风气作为践行"三个代表"重要思想、全面贯彻落实科学发展观、实施人才强国战略的重要工作。

提出和实施科教兴国战略，具有重大的现实意义和长远的历史意义。

首先，它是坚定不移地贯彻科学发展观的重要保证。科教兴国战略的提出并经党的全国代表大会和全国人民代表大会批准加以确定、实施，体现了全党和全国人民坚持以人为本，科学发展基本路线的坚强决心，是深得党心、民心的正确决策。

其次，实施科教兴国战略是推进经济体制和经济增长方式两个根本性转变，实现我国现代化建设宏伟目标的根本保证。实施科教兴国战略必将加速科技、经济一体化和市场化进程，促进技术密集、知识密集型产业发展，从而推进经济体制和经济增长方式的根本转变，也保证了国民经济持续、快速、健康发展。

再次，实施科教兴国战略也是提高全民族科学文化素质和思想道德水平，加强社会主义物质文明和精神文明建设的根本保证。实施科教兴国，在全社会发展教育和普及科学文化知识、提高亿万劳动者的科学文化素质和思想道德水平，推进决策的科学化和民主化，是社会主义两个文明建设的重要基础和根本保证。

科技和教育这两项重要产业，受到了各级党委和政府的高度重视，科教兴省、科教兴市、科教兴县，依靠科技教育振兴行业，已成为我国各级政府和行业制定自己的经济社会发展和行业发展战略计划的重要组成部分。科教兴国已成为全中华民族的心声，这正是我们的事业兴旺发达的标志。